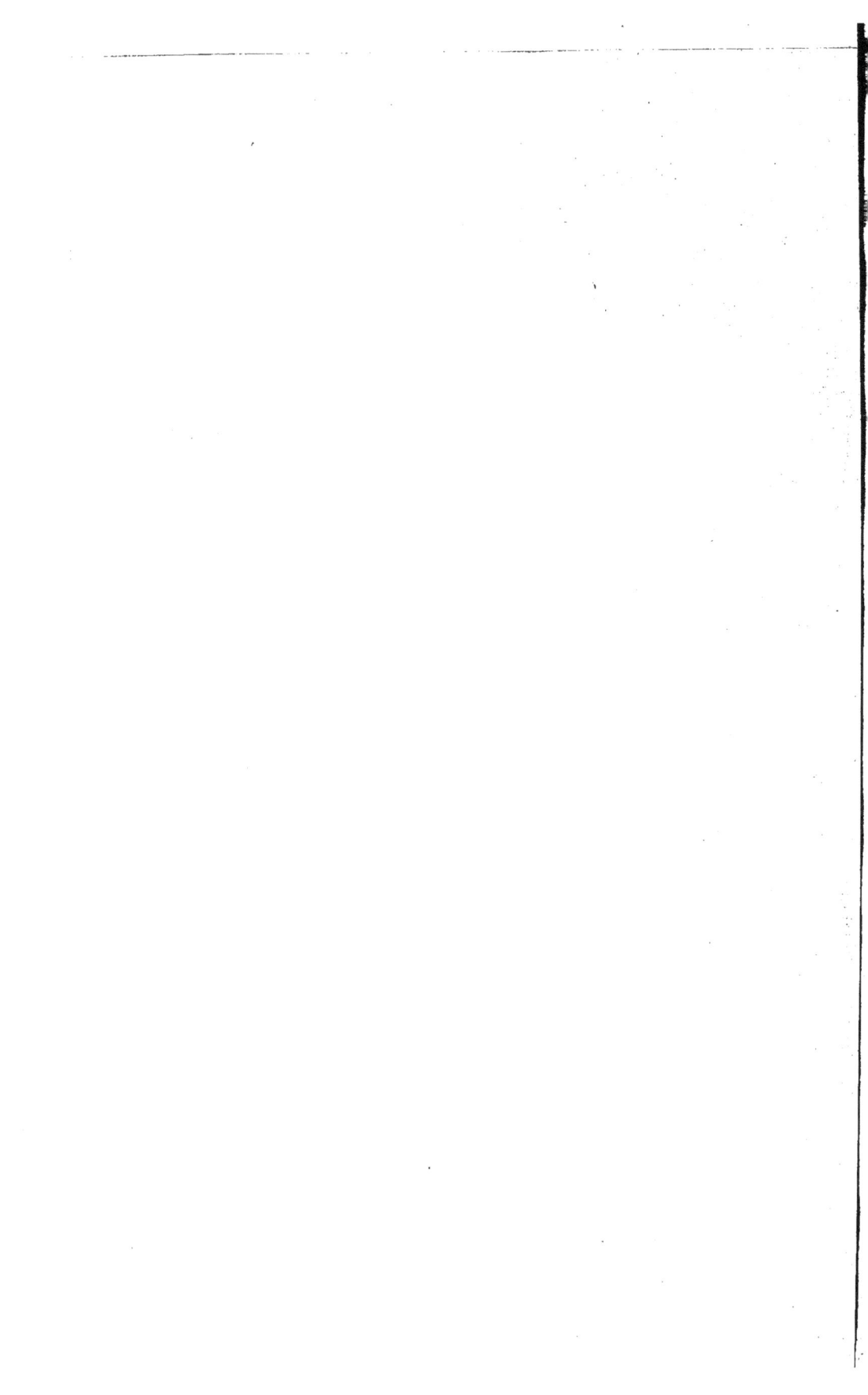

PRATIQUE
DE LA
RÉSISTANCE DES MATÉRIAUX
DANS LES
CONSTRUCTIONS

PAR

J. CHÉRY
CHEF DE BATAILLON DU GÉNIE
Professeur de constructions à l'École d'application de l'Artillerie et du Génie.

TEXTE

PARIS
LIBRAIRIE GÉNÉRALE DE L'ARCHITECTURE
ET DES TRAVAUX PUBLICS
DUCHER ET Cie
Éditeurs de la Société Centrale des Architectes
51, RUE DES ÉCOLES, 51

1877

PRATIQUE DE LA RÉSISTANCE

DES

MATÉRIAUX DANS LES CONSTRUCTIONS

PRINCIPAUX OUVRAGES CONSULTÉS

MM. **Belanger** .... *Cours de mécanique.*

Claudel........... *Aide-mémoire.*

E. Collignon...... *Résistance des matériaux.*

Maurice Lévy..... *Statique graphique.*

Général Morin.... *Résistance des matériaux.*

Général Morin.... *Aide-mémoire de mécanique pratique.*

Général Poncelet.. *Introduction à la mécanique industrielle.*

Résal............. *Mécanique générale.*

ERRATA :

§§	LIGNES	*Au lieu de :*	*Lire :*
20	4	l'expérience montre....................	on admet.
21	6	limite d'élasticité......................	limite d'élasticité entière.
63	4	Les chevrons sont des pièces continues..	Les chevrons sont des pièces.

PRATIQUE

DE LA

RÉSISTANCE DES MATÉRIAUX

DANS LES

CONSTRUCTIONS

PAR

J. CHÉRY

CHEF DE BATAILLON DU GÉNIE

Professeur de constructions à l'École d'application de l'Artillerie et du Génie.

TEXTE

PARIS

LIBRAIRIE GÉNÉRALE DE L'ARCHITECTURE

ET DES TRAVAUX PUBLICS

DUCHER ET Cie

Éditeurs de la Société Centrale des Architectes

51, RUE DES ÉCOLES, 51

1877

PRATIQUE

DE LA RÉSISTANCE DES MATÉRIAUX

DANS LES CONSTRUCTIONS

1. — Quand un corps est soumis à des efforts extérieurs, tendant à éloigner ou à rapprocher ses molécules, il oppose à la déformation une résistance qu'on appelle *Force élastique.*

Les corps jouissent de la propriété de revenir à leur état primitif, lorsque les efforts extérieurs cessent d'agir. Cette propriété se nomme *Élasticité.*

Si un corps revient à son état primitif, l'élasticité est dite *entière*, sinon elle est *altérée*, et la limite d'altération est la *Rupture.*

Dans les constructions, nous supposons que la limite d'élasticité entière n'est jamais atteinte.

Appelons R, la charge permanente qu'on peut faire supporter aux matériaux en toute sécurité, et P_r la charge qui cause la rupture.

2. — Les corps peuvent être soumis à des efforts d'extension, de compression, de cisaillement, de flexion et de torsion. Nous allons examiner successivement les effets produits par ces différentes forces.

EXTENSION

3. — Soit P un poids suspendu à l'extrémité d'un prisme de longueur L, de section Ω, et produisant un allongement l; soient P', L', Ω', l', pour un autre prisme de même substance; l'expérience montre que $\frac{PL}{\Omega l}=\frac{P'L'}{\Omega' l'}=E$; et que E est constant pour un même corps, quand la limite d'élasticité entière n'est pas dépassée.

4. — Cette quantité E se nomme *Coefficient* ou *Module d'élasticité.*

5. — TABLEAU RELATIF A L'EXTENSION, d'après M. Claudel.

	Densités.	E, coefficient d'élasticité par 1^{mm^2}	R, charge permanente par 1^{mm^2}
		KILOG.	KILOG.
Chêne dans le sens des fibres.....	0.872	1200	0.6 à 0.8
Tremble id.	0.602	1076	0.6
Sapin id.	0.555 à 0.657	1300	0.6 à 0.9
Sapin des Vosges id.	....	....	0.4
Pin sylvestre des Vosges id.	....	....	0.248
Frêne id.	0.697	1120	1.2
Orme id.	0.553	970	1.04
Hêtre id.	0.845	930	0.8
Teak id.	0.860	....	1.10
Chêne perpendiculairement aux fibres..	....	....	0.16
Peuplier id. ..	0.387 à 0.511	....	0.125
Chêne ou sapin { Pièces droites formées de morceaux assemblés par entailles en crémaillères...........	....	....	0.40
Chêne ou sapin { Arcs en planches de champ ou en bois plié..................	....	....	0.30
Fer moyen........................	7.788	20.000	6.60
Acier moyen.......................	7.800	21.000	12.50
Fonte moyenne.....................	7.300	12.000	2.20
Fer en tôle laminé..................	....	....	6 à 7
Fil de fer non recuit moyen, de 1^{mm} à 3^{mm} de diamètre.................	....	....	10
Fil de fer en câble..................	....	....	5
Chaîne en fer doux ordinaire..........	....	....	4
id. renforcée..........	....	....	5.33
Bronze des canons..................	8.4 à 9.2	....	3.83
Cuivre rouge { laminé, de qualité supérieure..	8.950	....	4.33
Cuivre rouge { battu.......................	8.950	....	4.17
Cuivre rouge { fondu......................	8.950	....	2.33
Cuivre jaune ou laiton fin.............	....	....	2.10
Arcs en fer forgé..................	....	....	4.20
Fil de cuivre rouge non recuit, de 1^{mm} à 2^{mm} de diamètre.................	....	....	6.67 à 8.33
Fil de cuivre jaune moyen, non recuit..	....	....	8.33
Plomb fondu......................	11.35	....	0.213
Plomb laminé......................	....	....	0.225

	R, charge permanente par 1^{mm^2}
	KILOG.
Corde en chanvre de 13^{mm} à 14^{mm} de diamètre	4.40
id. 23^{mm} id.	3
id. 40^{mm} à 54^{mm} id.	2.75
Courroie en cuir noir	0.20

Charge produisant la rupture $P_r = 10\ R$ pour le bois.
$P_r = 4\ R$ pour la fonte.
$P_r = 5\ R$ à $6\ R$ pour le fer et les autres métaux.
$P_r = 2\ R$ pour les cordes et courroies.

APPLICATIONS

6. Tuyaux de conduite. — Voir la *Résistance des matériaux*, de M. le général Morin.

Soient p la pression par unité de surface, qui agit sur un tuyau.

R, la charge permanente qu'on peut faire supporter à la matière en toute sécurité.

d, le diamètre intérieur du tuyau.

e, l'épaisseur du tuyau.

Supposons le cylindre partagé en deux par un plan vertical passant par l'axe et considérons une tranche d'une longueur égale à l'unité. La pression sur une moitié du cylindre sera pd. La portion qui résiste a une étendue $2e$.

$$2eR = pd \qquad e = \frac{pd}{2R}.$$

Ordinairement on ajoute à e une valeur constante pour tenir compte des chocs et des divers accidents qui peuvent survenir dans la pose.

7. — On obtient les formules pratiques suivantes, dans lesquelles la pression est évaluée en atmosphères. (La pression d'une atmosphère par 1^{c^2} est 1^k033). Soit n le nombre d'atmosphères.

Pour le fer	$R = 6.000.000^k$	$e = 0.00086\ nd + 0.0030$
la fonte coulée horiz.	$R = 2.170.000^k$	$e = 0.00238\ nd + 0.0085$
id. vertic.	$R = 3.000.000^k$	$e = 0.00160\ nd + 0.0080$
le cuivre laminé	$R = 3.500.000^k$	$e = 0.00147\ nd + 0.0040$
le plomb	$R = 213.000^k$	$e = 0.00242\ nd + 0.0050$
le zinc	$R = 833.000^k$	$e = 0.00620\ nd + 0.0040$
le bois	$R = 160.000^k$	$e = 0.03230\ nd + 0.0270$
les pierres naturelles	$R = 1.400.000^k$	$e = 0.00363\ nd + 0.0300$
les pierres artificielles	$R = 960.000^k$	$e = 0.00538\ nd + 0.0400$

8. Tiges cylindriques soumises à l'extension. — Soient :

d, le diamètre de la tige ;

T, l'effort ;

R, la charge permanente par unité de surface, qu'on peut faire supporter aux matériaux en toute sécurité.

$$R\frac{\pi d^2}{4}=T \qquad d=\sqrt{\frac{4T}{\pi R}}.$$

Dans les projets de charpentes, on a à déterminer les diamètres de tiges cylindriques, telles que tirants, tendeurs, etc. Pour éviter des calculs, souvent fort longs, nous avons construit un tableau graphique (Pl. 1), qui donne les valeurs de d pour des charges connues. Sur l'horizontale, on trouve les charges de 0^k à 10000^k. Sur la verticale on lit les diamètres en millimètres. Chaque tableau comprend deux obliques ; l'une correspondant à $R=6^k00$ par 1^{mm^2}, l'autre à $R=6^k60$ par 1^{mm^2}, c'est-à-dire applicable à des fers de première qualité. (Voir Pl. 1.)

COMPRESSION

9. — Pour la compression, on arrive comme pour l'extension, à trouver qu'il existe un *Coefficient d'élasticité* particulier à chaque substance et dont la valeur est constante.

La résistance d'une pièce à la compression diminue rapidement, quand augmente le rapport de la longueur L de la pièce, au plus petit côté b de la section.

Soient :

R la charge permanente qu'on peut faire supporter aux matériaux en toute sécurité par unité de surface.

L la longueur de la pièce.

b le petit côté de la section.

P_r la charge de rupture.

10. — TABLEAU RELATIF A LA COMPRESSION, d'après M. Claudel.

	Densités.	R, charge permanente par 1^{mm^2}	Observations.
		KILOG.	
Granite le plus dur..........	2,660	0.70	Le tableau des maçonneries est applicable jusqu'à $\frac{L}{b}=12$; Pour $\frac{L}{b}>12$ on prendra $\frac{2R}{3}$; Pour $\frac{L}{b}$ beaucoup plus grand que 12, on prendra $\frac{R}{2}$. Ce tableau est relatif à des pierres de grandes dimensions. Pour les maçonneries de moëllons, faites par suite avec de petits matériaux, on prendra $\frac{R}{2}$.
id le plus tendre........	2,640	0.42	
Grès le plus dur	2,500	0.87	
id. le plus tendre..........	2,490	0.008	
Marbre....................	2,700	0.3 à 0.8	
Calcaire dur de Givry (Paris)..	2,360	0.30	
id tendre id. ..	2,070	0.12	
Calcaire de Jaumont (Metz) ...	2.010	0.12	
Meulière dure..............	1,500	0.010	
id. tendre	1,500	0.0075	
Pierres factices en laitier	2,900	0.32	
Brique dure	1,560	0.15	
id. rouge pâle...........	2,090	0.04	
Plâtre gâché à l'eau	1,390	0.03	
Mortier ord., chaux et sable...	1,856 à 2,142	0.035	
Mortier de ciment...........	1,656 à 1,713	0.048	
Béton de dix-huit mois.......	....	0.04	
Fer moyen..... $E=20.000^k$.	7,788	6.60	Le tableau du fer et de la fonte est applicable pour $\frac{L}{b}=5$ ou <5. Pour $\frac{L}{b}>5$ voir §§ 15 à 18.
Fonte moyenne. $E=12.000^k$.	7,300	8	
Chêne.....................	....	0.46 à 0.71	Le tableau des bois est applicable pour $\frac{L}{b}=1$. Pour $\frac{L}{b}>1$ voir §§ 11 à 14.
Frêne.....................	....	0.61 à 0.66	
Hêtre.....................	....	0.54 à 0.66	
Orme......................	....	0.73	
Peuplier	....	0.22 à 0.36	
Pin.......................	....	0.38 à 0.53	
Sapin.....................	....	0.40 à 0.51	
Saule.....................	....	0.20 à 0.43	

Charge de rupture $P_r = 10R$ pour les pierres et les bois.
$P_r = 6R$ pour la fonte.
$P_r = 5R$ pour le fer.

11. Bois. — Quand $\frac{L}{b} > 1$ il faut prendre la charge permanente dans le tableau suivant, que nous avons déduit d'un tableau analogue, dressé par M. le général Morin pour les charges de rupture.

L longueur de la pièce, b petit côté de la section.

Valeurs de $\frac{L}{b}$	1	12	14	16	18	20	22	24	28	32
Valeurs de R	1	0.74	0.70	0.66	0.62	0.58	0.545	0.50	0.43	0.37

Valeurs de $\frac{L}{b}$	36	40	48	60	72
Valeurs de R	0.32	0.28	0.17	0.09	0.04

12. Poteaux en bois. — Quand $45 > \frac{L}{b} > 30$. — On emploie la formule d'Hodgkinson déduite d'expériences.

P, charge à faire porter, en kilog.
K, coefficient variable avec l'essence du bois.
L, longueur du poteau en centimètres
a, grand côté de la section } en centimètres.
b, petit côté }

$$P = K\frac{ab^3}{L^2} \qquad P = K\frac{b^4}{L^2}$$

$K = 25650$ pour le chêne fort.
$= 18000$ id. faible.
$= 21420$ sapin fort.
$= 16000$ id. faible.

Pour avoir les charges de rupture, il faut multiplier K par 10.

Ces formules donnent de bons résultats seulement pour $\frac{L}{b}$ **compris entre 30 et 45.**

Les *Pilots en chêne* peuvent être chargés de 30^k à 40^k par 1^{c2} de section, quelle que soit leur longueur.

13. Application numérique de la formule d'Hodgkinson à une pièce de bois pour laquelle $45 > \frac{L}{b} > 30$.

Soient un arbalétrier en sapin fort soumis à un effort de compression de 4312^k; a le grand côté $= 24^c$; $L = 250^c$.

$P = \frac{Kab^3}{L^2}$, $K = 21420$ pour le sapin fort.

$$4312 = \frac{21420 \times 24 \times b^3}{250 \times 250} \qquad b = 8^c1 \qquad \frac{L}{b} \text{ est plus grand que 30.}$$

14. Poteaux en bois. — Quand $\frac{L}{b} < 30$.

Soit à faire supporter une charge de 12350^k à un poteau carré en chêne fort de 4^m00 de long. Nous ne connaissons pas la valeur du côté b; essayons d'abord la formule d'Hodgkinson.

$$P = \frac{Kb^4}{L^2} \qquad P = 12350^k \qquad L = 400^c \qquad K = 25650$$

D'où $b = 16^c66$ $\quad \frac{L}{b} = 24$. La formule d'Hodgkinson n'est plus applicable.

Pour trouver la valeur de b, remarquons que dans le tableau § 10, la charge permanente d'un cube de chêne varie entre 0^k46 et 0^k71 par 1^{mm^2}; soit 0^k60 par 1^{mm^2}, ou 60^k pour 1^{c^2}. Dans le tableau § 11, nous trouvons que pour $\frac{L}{b} = 24$, il faut prendre 0,50 de R. Donc : $\quad 0{,}50 \times 60^k \times b^2 = 12350^k \quad$ b en centim.

$$b = 20^c3. \qquad \text{Alors } \frac{L}{b} = 20.$$

D'après le tableau § 11, pour $\frac{L}{b} = 20$, il faudrait prendre 0,58 de R, et non 0,50 comme nous l'avons fait avec $\frac{L}{b} = 24$; b diminuerait et on aura finalement $\frac{L}{b} = 21$; à ce rapport correspond le coefficient 0,563, obtenu par interpolation dans le tableau § 11.

$$0{,}563 \times 60 \times b^2 = 12350 \qquad b = 19^c1 \text{ et } \frac{L}{b} = 21.$$

Nous avions trouvé $b = 16^c66$ en employant la formule d'Hodgkinson, qui n'est pas applicable pour $\frac{L}{b} < 30$.

15. Colonnes en fer. — Formule de Lowe :

$$P = \frac{600\,d^4}{1{,}97\,d^2 + 0{,}00064\,L^2}$$

P, charge en kilog.

L et d, longueur et diamètre de la colonne en centimètres.

Cette formule est applicable pour $\frac{L}{d}$ **compris entre 10 et 180.**

Les tableaux graphiques des Pl. 2 et 3 donnent les diamètres des colonnes en fer, qui correspondent à des charges et à des longueurs connues.

La formule de Lowe est applicable pour $\frac{L}{d} = 10$ et au-dessus. Le tableau § 10 indique que la charge permanente du fer R est 6^k6 pour $\frac{L}{d} \leqq 5$. — Entre $\frac{L}{d} = 5$ et $\frac{L}{d} = 10$, quelle valeur prendra-t-on pour R? Voyons à quelle charge permanente correspond la formule de Lowe à sa limite inférieure, pour $\frac{L}{d} = 10$. Faisons dans cette formule $d = 10^c$ et $L = 100^c$. Il en résulte $P = 29500^k$. D'autre part, posons

$$R \times \frac{\pi d^2}{4} = 29500^k \qquad d = 10^c. \qquad \text{D'où } R = 376^k \text{ ou } 3^k76 \text{ par } 1^{mm^2}.$$

Par conséquent, entre $\frac{L}{d} = 5$ et $\frac{L}{d} = 10$, on fera varier R de 6^k6 à 3^k8.

16. Colonnes pleines en fonte. — Formule de Lowe :

$$P = \frac{1250 d^4}{1,85 d^2 + 0,0043 L^2}$$

P, charge en kilog.

L et d, longueur et diamètre de la colonne en centimètres.

Cette formule est applicable pour $\frac{L}{d}$ **compris entre 4 et 120.**

D'autre part $R = 8^k$ pour la fonte quand $\frac{L}{d} \leqq 5$. § 10.

Les tableaux graphiques des Pl. 4, 5, 6, donnent les diamètres des colonnes en fonte, qui correspondent à des charges et à des longueurs connues.

Pour $\frac{L}{d} > 30$, il faut préférer le fer à la fonte, à cause de la flexion, qui devient dangereuse.

17. Colonnes creuses en fonte.

Soit à faire porter une charge P par une colonne creuse en fonte de hauteur L. Supposons le problème résolu. Soient D', le diamètre extérieur, et D'' le diamètre intérieur de la colonne creuse, qui répond à la question.

A deux colonnes pleines de diamètres D' et D'' et de longueur L correspondent des charges P' et P''. On admet que $P = P' - P''$.

Appliquons à un exemple.

Soit à faire supporter une charge de 180000^k par une colonne creuse de 5^m00 de hauteur. Prenons, comme essai, une colonne de 35^c de diamètre extérieur $D' = 35^c$. D'après le tableau graphique Pl. 6, une colonne pleine de 35^c de diamètre et de 5^m00 de haut, peut porter 560000^k. $P' = 560000^k$. Nous avons admis $P = P' - P''$ $P = 180000^k$. $P' = 560000^k$. Donc : $P'' = 560000 - 180000 = 380000^k$. Le diamètre du vide intérieur doit être celui d'une colonne pleine de 5^m de haut, capable de porter 380000^k. Dans le tableau Pl. 6, on trouve pour le diamètre de cette colonne 30^c3. L'épaisseur de la fonte est $\frac{35^c - 30^c3}{2} = 2^c35$.

18. — Il reste à voir si l'épaisseur de la paroi est suffisante ; pour s'en assurer, on se guide sur le tableau graphique ci-dessous :

Hauteurs des colonnes	2^m00	3^m00	4^m00	6^m00	8^m00
Minimum d'épaisseur des parois. .	10^{mm}	12^{mm}	15^{mm}	20^{mm}	25^{mm}
Pour des diamètres au-dessous de	0^m40	0^m50	0^m70	1^m00	1^m30

19. Compression sur les arcs. — Soit un arc de portée $2a$, de flèche f, et dont l'angle au centre est 2φ.

La poussée horizontale au sommet est π.

Le poids, par unité de longueur, uniformément réparti sur la projection de l'arc, est p (voir Pl. 26, fig. 16).

En A, réactions, horizontale $=\pi$ et verticale $=pa$.

Prenons les moments par rapport à A

$$\pi \times f = \frac{pa^2}{2} \qquad \pi = \frac{pa^2}{2f}.$$

La compression maximum est en A. Elle est dirigée suivant l'axe de l'arc. Projetons les forces extérieures sur cet axe; nous aurons $\frac{pa^2}{2f}\cos\varphi + pa\sin\varphi$.

Soient Ω la section de l'arc, et R la charge permanente de compression.

Nous prendrons seulement $\frac{2}{3}R$, à cause de la flexion qui est possible.

$$\frac{2}{3}R\Omega = \frac{pa^2}{2f}\cos\varphi + pa\sin\varphi.$$

Or, pa se compose de la surcharge $p'a$ et du poids de l'arc, dont la longueur est S. Soit δ la densité du métal, $pa = p'a + S\delta\Omega$.

$$\frac{2}{3}R\Omega = (p'a + S\delta\Omega)\left(\frac{a\cos\varphi}{2f} + \sin\varphi\right).$$

Cette formule, donnée par M. Collignon, permet de trouver la section Ω avec une exactitude suffisante pour les avant-projets.

Nous trouverons plus loin par la statique graphique les dimensions de toutes les pièces d'un arc.

CISAILLEMENT

20. — Quand une pièce est sollicitée par des forces perpendiculaires à son axe, un glissement transversal des sections, les unes contre les autres, tend à se produire dans le sens de l'effort. La résistance opposée par la pièce prend le nom de *Résistance transverse* ou de *Cisaillement*.

Désignons par R la charge permanente d'extension par unité de surface qu'on peut faire supporter en toute sécurité, l'expérience montre que $\frac{4}{5}R$ est la charge permanente de cisaillement.

Si donc T est l'effort de cisaillement agissant sur une pièce de section ω, on a :

$$T = \frac{4}{5}R\omega$$

FLEXION

21. — Quand un prisme à axe rectiligne ou courbe, maintenu en un certain nombre de points, est soumis à l'action de forces extérieures quelconques, agissant entre ces points, le prisme subit une déformation qu'on appelle *Flexion*.

Nous ne nous occupons que des prismes analogues aux poutres et aux solives.

Nous supposons :

Que la limite d'élasticité n'est pas dépassée ;

Que la déformation produite par la flexion est très-faible ;

Que les résistances à la compression et à l'extension sont égales pour les prismes soumis à la flexion.

Enfin, que les forces extérieures qui agissent sur le prisme, sont toutes dans le plan qui partage ce prisme en deux parties symétriques, ou sont toutes placées symétriquement deux à deux par rapport au plan de symétrie.

22. — Soit un prisme dont le plan de symétrie est $MNSL$, et dont l'axe est coupé au point O, par un plan MN perpendiculaire à cet axe. Appelons (voir Pl. 25, fig. 1)

μ, la somme des moments par rapport à O de toutes les forces extérieures qui agissent sur le prisme d'un même côté du plan MN.

E, le coefficient d'élasticité de flexion par unité de surface.

I, le moment d'inertie de la section produite dans le prisme par le plan MN, par rapport à un axe passant en O et perpendiculaire au plan de symétrie du prisme.

ρ, le rayon de courbure en O de l'axe de la pièce après la flexion.

R, la charge permanente par unité de surface, exprimée en kilog., qu'on peut faire supporter au prisme en toute sécurité.

n, la distance à l'axe, du point le plus éloigné de la section projetée sur le plan de symétrie.

Les différentes théories de la flexion ont conduit toutes aux deux formules suivantes, qui donnent des résultats reconnus satisfaisants dans la pratique :

$$\frac{EI}{\rho}=\mu \qquad \text{et} \qquad R=\frac{\mu n}{I}\pm\frac{\Sigma P_x}{\Omega}.$$

23. — La première est dite *Équation d'équilibre*. Si nous prenons l'axe de la pièce avant la flexion pour axe des x, et une perpendiculaire pour axe des y, nous savons que

$$\frac{1}{\rho}=\frac{d^2y}{dx^2},$$

y et x étant les coordonnées du point O. Il vient

$$EI\frac{d^2y}{dx^2}=\mu.$$

Cette relation permet de déterminer l'équation de l'axe de la courbe.

24. — La deuxième est dite *Équation d'équarrissage.*

Ω est la section de la pièce.

ΣP_x est la somme des projections des forces extérieures sur l'axe des x, qui est l'axe de la pièce. On prend le signe $+$ quand ΣP_x tend à produire une compression, et $-$ pour une extension.

De cette relation, on déduit Ω et I, c'est-à-dire l'équarrissage de la pièce pour une section quelconque.

Quand les forces sont normales à l'axe, par exemple quand l'axe est horizontal et les forces verticales, $\Sigma P_x = 0$. L'équation d'équarrissage se réduit à

$$\frac{RI}{n} = \mu.$$

25. — La somme des projections de toutes les forces sur un axe perpendiculaire à l'axe de la pièce, ΣP_y est ce qu'on appelle *l'Effort tranchant.*

26. — TABLEAU RELATIF A LA FLEXION

	E par 1^{mm^2}	R par 1^{mm^2}
	KILOG.	KILOG.
Chêne........................	1200	0.55 à 0.75
Sapin........................	1300	0.60 à 0.80
Arcs en planches...............	500	0.25 à 0.30
Fer doux forgé.................	20000	6.60 à 10.00
Fer laminé en barres et tubes en tôle	12000	4.70 à 7.80
Acier ordinaire.................	21000	12.50 à 16.60
Acier fondu....................	30000	16.60 à 22.00
Fonte grise ordinaire...........	9000	2.50 à 3.50

27. — C'est la relation simplifiée $\frac{RI}{n} = \mu$, que l'on emploie dans la pratique des constructions.

Voyons comment elle permet de déterminer les dimensions d'une pièce placée dans les conditions énoncées, c'est-à-dire d'une pièce soumise à une déformation très-faible sous l'action de forces normales à l'axe et dans le plan de l'axe.

La relation $\frac{RI}{n} = \mu$, indique qu'il faut faire une section normale à l'axe en un point quelconque de la pièce, et chercher la somme des moments de toutes les forces extérieures situées d'un même côté de la section. Cette somme se nomme le *Moment fléchissant.* — Après avoir trouvé le moment fléchissant pour la section considérée, on calcule $\frac{I}{n}$ pour la même section, d'après la relation $\frac{RI}{n} = \mu$; R est constant; R est la charge permanente qu'on peut faire supporter à la matière en toute sécurité. — On opère de même pour toutes les sections. — D'autre part $\frac{I}{n}$ est exprimé en fonction des dimensions de la pièce, comme nous allons le voir §§ 28 et suivants. On a donc les dimensions de la pièce en chaque point, au moyen de la relation $\frac{RI}{n}=\mu$. Le problème est résolu.

28. — On donne souvent aux pièces des dimensions constantes dans toute leur longueur, par exemple aux poutres et solives. Il suffit alors de trouver la valeur maximum du moment fléchissant μ (il correspond à ce qu'on appelle la *Section dangereuse*) et de déterminer la valeur correspondante de $\frac{I}{n}$.

29. Méthode du général Poncelet, pour trouver la valeur du moment d'inertie d'une section plane par rapport à un axe passant par son centre de gravité. (Pl. 25, fig. 2 et 3.)

Soient un prisme, dont le plan de symétrie est *CDM*, et une section *CD* par un plan perpendiculaire au plan de symétrie. Soit *O'OO''* un axe passant par le centre de gravité de la section *CD* et perpendiculaire au plan *CDM*. Le moment d'inertie $I=\int v^2 d\omega$. $d\omega$ étant un élément de la section, et v la distance de cet élément à l'axe. — La méthode du général Poncelet consiste à remplacer la recherche de cette quantité $\int v^2 d\omega$, par la recherche d'un volume.

Menons un plan *AOB* incliné à 45° sur l'axe et perpendiculaire au plan *CDM*. Considérons un petit prisme à base $d\omega$, dont *cb* est la hauteur. Ce prisme a pour volume $vd\omega$; car $cb=co$. Son moment par rapport à l'axe *O'O''* est $v^2 d\omega$. La somme des moments de tous ces volumes élémentaires par rapport à l'axe, sera $\int v^2 d\omega$. Or, la somme de ces moments est égale au moment du volume total *OCB*, c'est-à-dire au volume *OCB*, multiplié par la distance à l'axe *O'O''* du centre de gravité de ce volume.

30. Relations entre le moment d'inertie d'une section plane par rapport à un axe passant par son centre de gravité, et le moment d'inertie de la même section par rapport à un axe parallèle au précédent.

Soient une section plane *LMNP* (Pl. 25, fig. 4) et *CD* un axe passant par le centre de gravité de la section; *I* est le moment d'inertie de la section par rapport à l'axe *CD*. Soit *C'D'* un axe parallèle à *CD*, et *I'* le moment d'inertie de la section par rapport à l'axe *C'D'*; soit *d* la distance entre les deux axes *CD* et *C'D'*. Nous cherchons une relation entre *I* et *I'*.

Désignons par *A* la portion de la section au-dessus de l'axe *CD*, par *B* la portion de la section au-dessous du même axe.

Considérons un élément $d\omega$ de la portion *A*, à une distance v au-dessus de l'axe *CD*; la distance de cet élément à l'axe *C'D'* est $v+d$.

$$d\omega\,(v+d)^2=v^2 d\omega+d^2 d\omega+2vd\times d\omega.$$

Pour la portion A entière, $\int d\omega (v+d)^2 = \int v^2 d\omega + d^2 \int d\omega + 2d \int v d\omega.$ [1]

Pour un élément $d\omega$ de la portion B, à une distance v' au-dessous de l'axe CD, et par suite à une distance $d-v'$ de l'axe $C'D'$, nous avons

$$d\omega (d-v')^2 = v'^2 d\omega + d^2 d\omega - 2v'd \times d\omega.$$

Pour la portion B entière, $\int d\omega (d-v')^2 = \int v'^2 d\omega + d^2 \int d\omega - 2d \int v' d\omega.$ [2]

Ajoutons [1] et [2]

$$I' = I + d^2\Omega + 2d \int v d\omega - 2d \int v' d\omega.$$

$\int v d\omega = \int v' d\omega$, car l'axe CD passe par le centre de gravité de la section; Ω est la section totale. Il reste donc

$$I' = I + d^2\Omega.$$

MOMENTS D'INERTIE DES SECTIONS USUELLES

31. Rectangle par rapport à un axe passant par son centre de gravité. (Pl. 25, fig. 5 et 6.)

Soit un rectangle $EFKL$, dont la projection sur le plan de symétrie est CD; nous cherchons son moment d'inertie par rapport à l'axe $OO'O''$. Appliquons la méthode du général Poncelet, § 29.

$I = 2$ fois le volume du prisme OCB multiplié par la distance gi de son centre de gravité g, à l'axe $O'OO''$.

$$\text{Volume } OCB = \frac{lh}{2} \times \frac{h}{4} \qquad gi = \frac{2}{3} \times \frac{h}{2}$$

$$I = 2 \times \frac{lh}{2} \times \frac{h}{4} \times \frac{2}{3} \times \frac{h}{2} = \frac{lh^3}{12} \qquad n = \frac{h}{2} \qquad \frac{I}{n} = \frac{lh^2}{6}.$$

32. Carré par rapport à un axe passant par son centre de gravité.

Comme au § 31. $\quad l = h \quad I = \dfrac{h^4}{12} \quad \dfrac{I}{n} = \dfrac{h^3}{6}.$

33. Rectangle par rapport à un axe passant par un de ses côtés. (Pl. 25, fig. 7.)

Nous avons trouvé au § 30. $\quad I' = I + d^2\Omega.$

Appliquons $\quad I = \dfrac{lh^3}{12} \quad d = \dfrac{h}{2} \quad \Omega = lh.$

$$I' = \frac{lh^3}{12} + \frac{lh^3}{4} = \frac{lh^3}{3} \qquad n = h. \qquad \frac{I'}{n} = \frac{lh^2}{3}.$$

34. Rectangle évidé symétriquement, ou double T symétrique, par rapport à un axe passant par le centre de gravité. (PL. 25, FIG. 8 et 9.)

On a à prendre la différence de deux moments d'inertie.

$$I=\frac{lh^3-l'h'^3}{12} \qquad n=\frac{h}{2} \qquad \frac{I}{n}=\frac{lh^3-l'h'^3}{6h}.$$

35. Profil en T par rapport à un axe passant par le centre de gravité. (PL. 25, FIG. 10.)

Il faut d'abord déterminer la position de la ligne qui passe par le centre de gravité. Soit z la distance de cette ligne HG à la face supérieure AB du profil en T. Prenons les moments par rapport à AB.

$$ab\times\frac{b}{2}+a'b'\times\left(\frac{b'}{2}+b\right)=\left(ab+a'b'\right)z. \qquad \text{D'où } z.$$

Le moment d'inertie par rapport à HG, se compose des moments d'inertie des surfaces $AHGB+IKDC-2\times IHF'F$.

$$I=\frac{1}{3}az^3+\frac{1}{3}a'\left(b'+b-z\right)^3-\frac{1}{3}\left(a-a'\right)\left(z-b\right)^3.$$

Souvent $a'=b=\frac{a}{2}$ et $b'=a$.

Alors $z=\frac{5}{8}a$ et $I=$ environ $\frac{a^4}{5}$ $\qquad n=b+b'-z=\frac{a}{2}+a-\frac{5}{8}a=\frac{7}{8}a.$

36. Croix d'équerre par rapport à un axe passant par le centre de gravité. (PL. 25, FIG. 11.)

$$I=\frac{1}{12}\left(ab^3+2a'b'^3\right) \qquad n=\frac{b}{2}.$$

37. Cercle par rapport à un axe passant par son centre. (PL. 25, FIG. 12.)

Supposons deux axes rectangulaires passant par le centre. Soit un élément quelconque $d\omega$ à la distance r du centre, et aux distances x et y des axes.

$$I=\int x^2d\omega=\int y^2d\omega \qquad \text{ou } I=\frac{1}{2}\int d\omega\left(x^2+y^2\right). \qquad \text{Or } x^2+y^2=r^2.$$

Donc $I=\frac{1}{2}\int r^2d\omega$.

Considérons une couronne annulaire d'épaisseur dr.

Pour cette couronne $\int d\omega=2\pi rdr$. Par suite

$$I=\frac{1}{2}\int_0^R r^2\times2\pi rdr=\int_0^R \pi r^3dr=\frac{\pi R^4}{4} \qquad n=R \qquad \frac{I}{n}=\frac{\pi R^3}{4}.$$

38. Couronne annulaire par rapport à un axe passant par son centre. (PL. 25, FIG. 13.)

Soient R' et R'' les rayons extérieur et intérieur de la couronne.

$$I=\frac{\pi(R'^4-R''^4)}{4} \qquad n=R' \qquad \frac{I}{n}=\frac{\pi(R'^4-R''^4)}{4R'}.$$

Soient un cercle et une couronne annulaire, dont les sections sont égales; comparons les résistances, c'est à dire les valeurs de $\frac{I}{n}$.

Pour le cercle $\frac{I}{n}=\frac{\pi R^3}{4}$.

Pour la couronne annulaire $\frac{I}{n}=\frac{\pi(R'^4-R''^4)}{4R'}$.

Ordinairement on prend $R''=\frac{4}{5}R'$. Les sections sont égales. Donc

$$\pi R^2=\pi(R'^2-R''^2)=\frac{9}{25}\pi R'^2 \qquad R=\frac{3}{5}R'.$$

$$\frac{\frac{\pi R^3}{4}}{\frac{\pi(R'^4-R''^4)}{4R'}}=\frac{\pi R^2\times R\times R'}{\pi(R'^2-R''^2)(R'^2+R''^2)}=\frac{R\times R'}{R'^2+R''^2}=\frac{15}{41}.$$

Le rapport des résistances du cercle et de la couronne annulaire à égalité de section est $\frac{15}{41}$.

PIÈCES SOUMISES A LA FLEXION DANS LES CONDITIONS ORDINAIRES DE LA PRATIQUE DES CONSTRUCTIONS

39. Pièce horizontale posant librement sur deux points d'appui et chargée d'un poids P en son milieu. (PL. 25, FIG. 14.)

Soit Z la distance des points d'appui A et B. Les réactions des points d'appui sont égales entre elles et égales chacune à $\frac{P}{2}$.

L'équarrissage de la pièce est donné par la formule $\frac{RI}{n}=\mu$. (§§ 27 et 28). Il faut faire une section en chaque point de la pièce, calculer μ le moment fléchissant et conclure la valeur correspondante de $\frac{I}{n}$; si l'on admet des dimensions constantes pour la pièce sur toute sa longueur, il suffit de déterminer le maximum de μ, de calculer la valeur correspondante de $\frac{I}{n}$, et de prendre l'équarrissage de cette section pour toute la longueur de la pièce. Il nous faut donc trouver la valeur de μ en chaque point ou seulement le maximum de μ.

Prenons pour origine des coordonnées le milieu O de la pièce après la flexion; prenons deux axes rectangulaires, l'un horizontal, l'autre vertical. Considérons un point M sur l'axe à une distance x de l'origine. Supposons par le point M une section normale à l'axe de la pièce. Les forces extérieures à droite de M se réduisent à la réaction $\frac{P}{2}$ en B, dont le moment par rapport à M est $\frac{P}{2}\left(\frac{Z}{2}-x\right)$. Donc $\mu=\frac{P}{2}\left(\frac{Z}{2}-x\right)$.

Pour $x=0$ μ est maximum μ max. $=\frac{PZ}{4}$.

La section dangereuse est au milieu de la pièce.

40. Pièce horizontale posant librement sur deux points d'appui et chargée d'un poids p par unité de longueur uniformément réparti. (Pl. 25, fig. 15.)

Il nous faut trouver la valeur de μ en chaque point et le maximum de μ. (Voir § 39.)

Soient Z la longueur de la pièce AB, deux axes de coordonnées rectangulaires, l'un horizontal, l'autre vertical, et le point O milieu de la pièce après la flexion pour origine des coordonnées. Les réactions des points d'appui sont égales entre elles et égales chacune à $\frac{pZ}{2}$.

Soit un point M à une distance x de l'origine. Supposons par ce point M une section normale à l'axe de la pièce. Les forces extérieures à droite de M, sont : la réaction en B, $\frac{pZ}{2}$, dont le moment par rapport à M est $\frac{pZ}{2}\left(\frac{Z}{2}-x\right)$, et le poids p uniformément réparti sur la longueur MB ou $\frac{Z}{2}-x$, dont le moment par rapport à M est

$$p\left(\frac{Z}{2}-x\right)\frac{1}{2}\left(\frac{Z}{2}-x\right). \quad \text{Donc :}$$

$$\mu=-\frac{p}{2}\left(\frac{Z}{2}-x\right)^2+\frac{pZ}{2}\left(\frac{Z}{2}-x\right)=\frac{p}{2}\left(\frac{Z^2}{4}-x^2\right).$$

Pour $x=0$ μ sera maximum μ maximum $=\frac{pZ^2}{8}$.

TRAVURE DES PLANCHERS

41. — L'aire d'un plancher est supportée par la *Travure*, qui peut être simple ou composée.

Une travure simple est formée de solives qui s'appuient sur les murs.

Une travure composée est formée de poutres qui portent sur les murs, et de solives qui reposent sur les poutres.

Nous calculerons les dimensions des diverses pièces d'une travure composée.

Les poutres et les solives sont posées librement sur deux points d'appui et uniformément chargées sur toute leur longueur. La formule d'équarrissage est $\frac{RI}{n}=\mu$. La section dangereuse est au milieu de la pièce; pour cette section $\mu=\frac{pZ^2}{8}$. D'où $\frac{RI}{n}=\frac{pZ^2}{8}$. On prend pour toute la pièce les dimensions qui conviennent à la section dangereuse.

R, charge permanente par unité de surface qu'on peut faire supporter en toute sécurité à la matière;

I, moment d'inertie d'une section perpendiculaire à l'axe de la pièce, pris par rapport à une droite passant par l'axe et menée perpendiculairement à cet axe;

n, distance de l'axe, à la fibre la plus éloignée de la pièce;

Z, distance des points d'appui;

p, poids par mètre courant uniformément réparti sur la pièce.

42. — Considérons une pièce de section donnée; $\frac{I}{n}$ est connu.

Posons $\frac{8RI}{n}=C$. La relation $\frac{RI}{n}=\frac{pZ^2}{8}$ devient $\frac{C}{Z^2}=p$. Soit $\frac{1}{Z^2}=y$. On aura $Cy=p$.

Portons sur une horizontale les valeurs de p, sur une verticale les valeurs de y ou de $\frac{1}{Z^2}$, le lieu est une droite passant par l'origine. Pour les différentes valeurs de C, c'est-à-dire pour les diverses sections, nous obtenons des droites passant toutes par l'origine.

Nous avons construit, d'après ce principe, les tableaux graphiques Pl. 7 à 24, qui sont applicables aux pièces de bois, aux madriers, aux fers à plancher des principales usines.

43. — Lorsqu'au lieu d'un poids p uniformément réparti, on a un poids P au milieu de la pièce de longueur Z, le moment fléchissant maximum au milieu de la pièce est $\frac{PZ}{4}$. On peut encore se servir des tableaux graphiques, construits pour les poids uniformément répartis à l'aide de la formule $\frac{RI}{n}=\frac{pZ^2}{8}$. Posons $\frac{pZ^2}{8}=\frac{PZ}{4}$; il vient $P=\frac{pZ}{2}$. Le même équarrissage convient pour un poids p par mètre courant uniformément réparti, ou pour un poids P placé au milieu de la pièce, dont la valeur $P=\frac{pZ}{2}$.

44. Travure composée en bois.

Soit une travure composée, pour une maison d'habitation. Le poids du plancher avec plafond par 1^{m^2} peut être évalué à 100^k. Le poids utile à porter est environ de 300^k.

$$p'=400^k \qquad p' \text{ poids par } 1^{m^2}.$$

Soit 10^m00 la largeur du bâtiment; 3^m00 l'écartement des poutres; 0^m50 l'espacement entre les solives. Soit un poteau carré en chêne ordinaire de 4^m00 de haut sous le milieu de chaque poutre. Les poutres et les solives sont rectangulaires; l et h, sont les côtés; supposons $l=\frac{2}{3}h$; h, dimension suivant la verticale. $R=600000^k$.

45. Solives. — Soit e l'écartement des solives.

Nota. — Dans les magasins au blé, on place le blé au maximum sur une hauteur de 1^m00; généralement on se contente de 0^m50. L'hectolitre de blé pèse 75^k. Donc sur 1^{m^2} on a à porter au maximum un poids utile de 750^k.

$p = p' \times e = 400^k \times 0{,}50 = 200^k$. $Z = 3^m00$.

Le tableau Pl. 10 nous donne immédiatement $h = 0^m15$ $l = 0^m10$.

Dans le cas où on ne pourrait pas se servir des tableaux graphiques, on trouverait l et h, comme il suit :

$$\frac{RI}{n} = \frac{Rlh^2}{6} = \frac{pZ^2}{8} \qquad l = \frac{2}{3}h.$$

$$\frac{600000 \times 2 \times h^3}{3 \times 6} = \frac{200 \times 3 \times 3}{8}.$$

46. Poutres. — Soit e l'écartement des poutres $l = \frac{2}{3}h$.

$$p = p' \times e + \text{poids des solives}.$$

$$p' = 400^k \qquad e = 3^m00 \qquad p' \times e = 1200^k.$$

Par 1^m courant, il y a deux solives; le poids de 1^{m3} de sapin est 600^k.

$$2 \times 0{,}10 \times 0{,}15 \times 3{,}00 \times 600^k = 54^k.$$

Le poids de solives par 1^m courant de poutre est donc 54^k.

$$p = 1200^k + 54^k = 1254^k. \qquad Z = 5^m00.$$

Sur le tableau Pl. 10 nous lisons $h = 0^m39$ $l = 0^m26$.

Pour opérer sans les tableaux, on aurait comme ci-dessus.

$$\frac{RI}{n} = \frac{pZ^2}{8} \qquad \frac{600000 \times 2 \times h^3}{3 \times 6} = \frac{1254 \times 5 \times 5}{8}.$$

On peut tenir compte du poids de la poutre $0{,}39 \times 0{,}26 \times 600^k = 61^k$ environ.

Le poids de la poutre par mètre courant est 61^k environ.

$$p = 1315^k \text{ au lieu de } 1254^k.$$

Sur le tableau Pl. 10 on trouve par interpolation

$$h = 0^m396 \qquad l = 0^m262.$$

Il ne faut pas chercher une trop grande exactitude; elle ne serait qu'apparente; n'oublions pas que nous supposons arbitrairement la charge utile égale à 300^k par 1^{m2}, et que nous admettons $R = 600000^k$ par 1^{m2} pour le bois, chiffre évidemment approché.

47. Poteaux en bois. — La charge sur une poutre est $1315 \times 5 = 6575^k$. La hauteur du poteau $= 4^m00$. (Voir §§ 10 à 14.)

Essayons la formule d'Hodgkinson dans le cas du chêne ordinaire : $P = \frac{Kb^4}{L^2}$.

P, charge en kilog.

L, longueur du poteau en centim.

b, côté de la section en centim.

$K = 21420$ pour le sapin fort.

$$6575 = \frac{21420 \times b^4}{400 \times 400} \qquad b = 14^c9 \qquad \frac{L}{b} = \frac{400}{14{,}9} = 27 \text{ environ}.$$

La formule d'Hodgkinson, bonne seulement pour $\frac{L}{b}$ compris entre 30 et 45 n'est plus applicable. Employons la méthode indiquée § 14.

Dans le tableau § 10, nous voyons que la résistance R du cube de sapin varie de

0^k40 à 0^k51 par 1^{mm^2}, soit 0^k50 pour le sapin fort, par suite 50^k par 1^{c^2}. Dans le tableau § 11, nous voyons que pour $\frac{L}{b}=24$, il faut prendre $0{,}50R$.

$$50^k\times 0{,}50\times b^2=6575^k \qquad b=16^c2 \qquad 25>\frac{L}{b}>24.$$

48. Travure en fer.

Pour une maison d'habitation, le poids du plancher avec plafond est 140^k par 1^{m^2} quand il s'agit d'une travure en fer; le poids utile est 300^k.

Donc $p'=440^k$ $\quad p'$ poids par 1^{m^2}. Soient 0^m75 l'écartement des solives, et 5^m00 leur portée. $\quad p=p'\times e+$ le poids de 1^m courant de solive.

Négligeons d'abord ce poids inconnu.

$$p'\times e=440^k\times 0{,}75=330^k.$$

Dans le tableau (Châtillon et Commentry), Pl. 17, nous voyons que le fer correspondant est celui du profil m qui pèse 22^k00 par 1^m courant.

Alors $p=330^k+22^k=352^k$.

Pour un poids de 352^k par 1^m courant, le profil m est trop faible, il faut prendre le profil q qui pèse 25^k par 1^m courant.

$p=330^k+25^k=355^k$. Mais q peut porter 380^k. Il y a donc lieu d'augmenter l'écartement e des solives.

$$440^k\times e+25^k=380^k. \qquad e=0^m80 \text{ au lieu de } 0^m75.$$

49. — On peut arriver au même résultat sans se servir des tableaux graphiques, par la formule $\frac{RI}{n}=\frac{pZ^2}{8}$.

Dans les albums des usines de Châtillon et Commentry, nous trouvons pour le profil q, $\quad \frac{I}{n}=0{,}0001991$.

$$6000000\times 0{,}0001991=\left(\frac{440^k\times e+25^k}{8}\right)5\times 5.$$

D'où $e=0^m80$.

Dans ces albums $\frac{I}{n}$ est donné; on peut donc déduire par un calcul simple, soit la valeur de p, soit la valeur de e.

PROBLÈMES DE LA FLEXION, TRAITÉS PAR LA STATIQUE GRAPHIQUE

50. — Lorsqu'on a plusieurs forces verticales appliquées à des points quelconques d'une pièce horizontale reposant librement sur deux points d'appui, les problèmes de la flexion résolus par le calcul sont compliqués; à l'aide de la statique graphique on trouve très-facilement toutes les solutions.

Voir la *Statique graphique* de M. Maurice Lévy.

51. — Rappelons d'abord quelques théorèmes.

Soient n forces quelconques en équilibre dans un même plan, connues de grandeur et de direction. (Pl. 26, fig. 17.)

Construisons le *polygone des forces;* pour cela, portons les forces à la suite les unes des autres avec leur grandeur et leur direction. Ce polygone se ferme, puisqu'il y a équilibre. (Pl. 26, fig. 18.)

Joignons un point O quelconque pris comme pôle, à tous les sommets du polygone des forces. Puis à partir d'un point l quelconque pris sur la force 1 (Pl. 26, fig. 17), menons lm parallèle à $O,1$, jusqu'à la rencontre en m avec la force 2. De m, menons mp parallèle à $O,2$ jusqu'à la rencontre en p avec la force 3 et ainsi de suite. Nous avons le polygone l, m, p, q, r, s, dit *polygone des tensions;* il est tel que si tous les sommets l, m, p... sont réunis par des tiges articulées en l, m, p..., il y a équilibre et les tensions sont successivement $O1$, $O2$, $O3$, etc.

52. — Appliquons au cas de forces parallèles, verticales par exemple. Supposons 5 forces verticales, égales, équidistantes, agissant de haut en bas, et 2 forces verticales agissant en sens contraire le tout en équilibre; c'est ce qui se passe pour une poutre uniformément chargée et reposant sur 2 points d'appui. (Pl. 26, fig. 19 et 20.)

Le polygone des forces est une droite; nous portons $6,1 =$ force 1; $1,2 =$ force 2, etc.; $4,5 =$ force 5; puis $5,O' =$ force 7 et $O', 6 =$ force 6. Le polygone des forces est nécessairement fermé, puisqu'il y a équilibre. Prenons un point O extérieur quelconque comme pôle, et construisons le polygone des tensions en traçant mp parallèle à $O,1$; pq parallèle à $O,2$; ba parallèle à O,O', et am parallèle à $O,6$.

53. — Le polygone des tensions donne le moyen de déterminer les réactions des points d'appui, quand on connaît la position des appuis et la direction de ces réactions. En effet, dans le polygone des forces, nous connaissons $O,6$ et $O,5$. Nous avons mené dans le polygone des tensions am parallèle à $O,6$ jusqu'à la rencontre de la verticale du point d'appui 6, et sb parallèle à $O,5$ jusqu'à la rencontre du point d'appui 7. a et b sont connus. Il suffit de joindre ab et de mener O,O' parallèle à ab. On a alors $5,O'$ et $6,O'$ pour les valeurs des réactions des appuis (Pl. 26, fig. 19 et 20.)

54. — Soit une poutre $AB\ A'B'$ posée sur deux appuis en A et B et décomposée en 5 tronçons égaux AC, CD, DE, EH, HB, avec des poids égaux en leur milieu. (Pl. 26, fig. 21 et 22.)

Le polygone des tensions a, 1, 2, 3, 4, 5, b, jouit de la propriété très-utile pour la pratique d'être en même temps le polygone des moments fléchissants (le moment fléchissant et la somme des moments des forces extérieures d'un côté de la section). Ainsi, pour avoir le moment fléchissant relatif à une section $\alpha\alpha'$, faite dans la poutre, il suffit de mener la verticale de α, et le moment fléchissant est proportionnel à l'ordonnée $\beta\gamma$, que la verticale de α détermine dans le polygone des tensions.

En effet, considérons les forces agissant entre la section $\alpha\alpha'$ et l'une des extrémités de la poutre, par ex. l'extrémité de gauche. Soit R la résultante de ces forces. Le point d'application de cette résultante est, comme on le sait, à la rencontre t des côtés 1,2 et 7,6 ou ab. Cette résultante dirigée de bas en haut, est égale à la réaction 6, moins la force 1, ou sur le polygone des forces, est égale à $6,O'-6,1$ c'est-à-dire$=1,O'$. Le moment fléchissant par définition est le moment de R par rapport à la tranche $\alpha\alpha'$, c'est-à-dire$=R\times tu$. Or les triangles $t\beta\gamma$ du polygone des tensions et $O1O'$ du polygone des forces sont semblables, puisqu'ils ont les côtés parallèles par construction; de même pour les triangles $tu\beta$ et $OO'P$.

Donc $O'1 : \beta\gamma :: OP : tu$. $\quad O'1=R$. $\quad R\times tu=\beta\gamma\times OP$.

$R\times tu$ est le moment fléchissant. Donc moment fléchissant$=\beta\gamma\times OP$.

Si l'on prend $OP=$l'unité de longueur, $\beta\gamma$ est le moment fléchissant.

Cette propriété du polygone des tensions nous donne le moyen de résoudre les divers problèmes relatifs à la flexion.

55. — Soit une poutre AB analogue à la précédente, posée sur deux appuis en A et B, et partagée seulement en 4 tronçons égaux; soit p la force appliquée à chacun d'eux. Prenons le pôle O du polygone des forces à hauteur du milieu de la ligne verticale 6,4 et à une distance de cette verticale égale à l'unité de longueur. Nous avons le polygone des tensions ou des moments a, 1, 2, 3, 4, b, dont le côté 2, 3 est horizontal. (Pl. 27, fig. 23 et 24.)

Partageons maintenant la même poutre en 8 tronçons égaux au lieu de 4; et soit $\frac{p}{2}$ la force appliquée à chacun d'eux. Le polygone des moments au lieu d'être a, 1, 2, 3, 4, b comme ci-dessus, est a, 1', 2', 3', 4', 5', 6', 7', 8', b. Le côté horizontal 4', 5' se confond avec 2,3. (Pl. 27, fig. 25 et 26.) En multipliant le nombre des tronçons de la poutre on a des polygones qui se rapprochent de plus en plus de la parabole amb, à axe vertical, et pour la poutre chargée d'un poids uniformément réparti nous avons cette parabole comme contour du polygone des moments.

A l'inspection de la figure, on voit que $mt=ms$. Il faut donc mener as parallèle à $O,10'$, sb parallèle à $O,8'$, prendre m milieu de ts, mener 4',5' horizontal et cela fait, on peut tracer à vue la parabole passant par a, m, b et tangente en ces points aux lignes figurées; le tracé à vue est suffisant pour la pratique.

56. Pièce horizontale *AB* chargée d'un poids *P* en un point quelconque de sa longueur et reposant sur deux points d'appui *A* et *B*. (Pl. 27, fig. 27 et 28.)

Nous construisons le polygone des forces; pour cela nous portons sur une verticale $ut=P$ et nous prenons le pôle O à une distance de ut égale à l'unité (Pl. 27, fig. 27). Puis nous traçons les verticales Aa, Cc, Bb des points A, C, B; d'un point a quelconque sur la verticale de A, nous menons (Pl. 27, fig. 28), ac parallèle à uo, et cb parallèle à to, nous joignons ab; nous menons ok parallèle à ab et nous avons d'une part tk réaction en B, ku réaction en A et d'autre part le polygone acb des moments.

57. Pièce horizontale *A'B'* posant sur deux points d'appui *A'* et *B'* et chargée d'un poids *p* par unité de longueur, uniformément réparti. (Pl. 28, fig. 29, 30 et 31.)

Soit Z la longueur de la pièce. Nous portons $ST=pZ$. (Pl. 28, fig. 29.) Nous prenons le pôle O à moitié hauteur et à une distance de ST égale à l'unité. Nous en déduisons, comme il a été dit § 55, la parabole $a'm'b'$ (PL. 28, FIG. 31). Le polygone des moments se compose de la droite $a'b'$ et de la parabole $a'm'b'$.

58. Pièce horizontale posant sur deux points d'appui, chargée d'un poids p par unité de longueur uniformément réparti et d'un poids P en un point quelconque de sa longueur. (PL. 28, FIG. 29 à 33.)

Nous avons à réunir les deux constructions précédentes. Soit $A'B'$ la longueur Z de la droite; soit C' le point d'application de P. (PL. 28, FIG. 30.) Nous traçons d'abord la parabole $a'm'b'$ (§ 57) relative au poids uniformément réparti. Nous prolongeons la verticale de C' jusqu'à sa rencontre en f' avec l'horizontale $a'b'$. Nous portons $c'f' = cf$ de la PL. 27, FIG. 28 relative à P seul. Nous joignons $a'c'$ et $c'b'$. Le polygone des moments de la poutre $A'B'$ soumise aux efforts indiqués, est limité par la ligne brisée $a'c'b'$ et par la parabole $a'm'b'$ (FIG. 31). Pour justifier cette construction, il suffit de montrer que si nous menons une verticale quelconque, elle intercepte dans les polygones acb et $a'c'b'$ des ordonnées vy et $v'y'$ égales. En effet, nous avons deux triangles acb et $a'c'b'$ (FIG. 32 et 33), dont par construction les bases et les hauteurs sont égales, et les bases parallèles. Les lignes vy et $v'y'$ sont parallèles aux bases et à égales distances du sommet dans chaque triangle. Donc $vy = v'y'$.

La construction du polygone des moments $a'c'b'm'$ permet de trouver immédiatement la section dangereuse de la poutre chargée d'un poids P et d'un poids uniformément réparti p par unité de longueur. On voit que pour la longueur de poutre AB et pour les valeurs de P et de p que nous avons supposées, le moment fléchissant maximum est $i\theta$; c'est donc en L qu'est la section dangereuse, pour l'exemple choisi.

59. Pièce horizontale posant librement sur deux points d'appui et chargée de deux poids quelconques P et P' agissant en des points quelconques. (PL. 28, FIG. 34, 35 et 36.)

On construit le polygone des forces $sts'os$ (FIG. 34) pour les forces P et P', et le polygone des moments $acdba$. — Le moment fléchissant maximum est $d\delta$; il correspond au point d'application de la force P'. (FIG. 36.) Voir § 56.

60. Pièce horizontale posant librement sur deux points d'appui chargée des poids P et P' en des points quelconques et d'un poids p par unité de longueur uniformément réparti. (PL. 28, FIG. 37 et 38.)

Il faut construire pour le poids p uniformément réparti le polygone des forces STO et le polygone des moments, comme il a été indiqué au § 57 et aux FIG. 31 et 29. Le polygone des moments se compose de la droite $a''b''$ et de la parabole $a''m''b''$. (FIG. 38.)

On ajoute ensuite le polygone des moments $a''c''d''b''$, relatif aux forces P et P'. Au § 59 nous avons eu pour ces forces le polygone des moments $acdb$. Nous portons sur la verticale de P, $c''f'' = cf$ et sur la verticale de P', $d''\delta'' = d\delta$. Puis nous joignons $a''c''d''b''$. (FIG. 38.)

Le polygone final des moments est bordé de hachures. Pour avoir le moment fléchissant maximum nous menons à la parabole une tangente parallèle à $c''d''$. Ce moment fléchissant maximum est ww' et la section dangereuse passe en V.

Dans les polygones des forces, les pôles O et o sont à l'unité de distance des forces P, P' et pZ; O est au milieu de la hauteur pZ.

61. Aiguille verticale de longueur H, appuyée à ses deux extrémités et destinée à supporter une charge d'eau de hauteur H. (PL. 29, FIG. 39 à 42.)

On sait que pour une tranche d'une longueur égale à l'unité, la pression de l'eau est égale au poids d'un prisme de liquide, dont la section est un triangle rectangle isoscèle de hauteur H.

Supposons que la largeur du prisme d'eau supporté par l'aiguille AV est égale à l'unité. Sinon, il faudrait multiplier les résultats que nous obtiendrons par la largeur l de ce prisme.

Partageons AV en un certain nombre de tronçons égaux, huit par ex. Les charges que chacun d'eux supporte sont représentées par le triangle ABD et les trapèzes $BDEH$, $EHFK$, $FKLM$,..... $STVX$. (PL. 29, FIG. 39). Le triangle et les trapèzes ont même base. $bc \times AB$ représente la surface du triangle ABD. Pour le trapèze $BDEH$, nous le décomposons en un rectangle $BDEE'$ qui a pour mesure BE ou AB multiplié par ef, et un triangle qui a pour mesure $AB \times fg$. Donc le trapèze a pour mesure $AB \times eg$. (FIG. 40.)

Les horizontales menées par les milieux b, e, i,..... v des tronçons et limitées d'une part à la droite AV et de l'autre à la droite AX, sont des lignes proportionnelles aux surfaces cherchées des triangles ABD et des trapèzes $BDEH$..... $STVX$.

Au lieu de ces lignes bc, eg, ik,..... vx, prenons les moitiés, et portons sur une horizontale $b''c'' = cc' = \frac{bc}{2}$, $c''g'' = gg' = \frac{eg}{2}$, $g''k'' = k'k = \frac{ik}{2}$,..... $t''x'' = x'x = \frac{vx}{2}$. (FIG. 39 et 42.) Voir § 54.

Prenons le pôle y à l'unité de distance de la ligne vx; joignons-le aux points b'', c'', g'',..... x''; prolongeons les horizontales bb', ee', ii',..... vv' passant par les milieux des tronçons, et les horizontales Aa, VW' des points d'appui; puis d'un point quelconque b' (FIG. 41), menons $b'a$ parallèle à $b''y$, $b'e'$ parallèle à $c''y$, $e'i'$ parallèle à $g''y$, etc., $v'w'$ parallèle à $x''y$. Nous obtenons le polygone des moments $ab'e'i'l'$..... $v'w'$, qui nous permet de trouver le moment fléchissant max. et par suite de déterminer l'équarrissage de l'aiguille AV. (FIG. 41.) $\frac{RI}{n} = \mu$ max.

Menons yr'' parallèle à aw', et nous avons $b''r''$ et $r''x''$ valeurs des réactions des points d'appui en A et V.

62. Aiguille verticale de longueur H, appuyée à ses deux extrémités, et destinée à supporter deux charges d'eau, l'une H en amont, l'autre h en aval. (PL. 29, FIG. 43 à 45.)

Ce problème se traite d'une façon analogue au précédent.

Nous construisons le triangle FLM (FIG. 44) correspondant à la charge d'eau d'aval. Nous partageons l'aiguille AL en cinq tronçons par exemple, sur lesquelles agissent des forces représentées par ABC, $BCDE$, $DEFG$, $FGIK$, $IKMN$. Nous avons bc, de, fg, ik, mn, cinq lignes proportionnelles à ces forces. (FIG. 43, 44 et 45.)

Pour le reste, voir § 61.

CHARPENTES DES COMBLES

Pour la description et la construction des différentes charpentes des combles, voir le Résumé des leçons sur les constructions en bois et fer. Dans ce qui suit, nous déterminerons les efforts auxquels les diverses pièces des charpentes sont soumises et nous chercherons les équarrissages à donner à ces pièces.

63. — Les combles ont à supporter :

1° Les poids de la couverture et de la charpente ;
2° Le poids de la neige ;
3° L'action du vent représentée par un poids.

NATURE DE LA COUVERTURE	Limites de l'inclinaison sur l'horizon.	Poids de 1^{m^2} de couverture suivant la pente, bois non compris.	Cube approximatif des bois de la charpente par 1^{m^2} de couvert^{re}
Tuiles plates à crochet......	45° à 33°	.......60^k.......	$0^{m^3}063$
Tuiles creuses posées à sec..	27° à 21°	....75^k à 90^k....	$0^{m^3}058$
Id. maçonnées...	31° à 27°	......136^k......	$0^{m^3}068$
Tuiles mécaniques.........	45° à 21°	....45^k à 50^k....	$0^{m^3}060$
Ardoises..................	45° à 33°	.......38^k.......	$0^{m^3}056$
Cuivre en feuilles..........	21° à 18°	.......14^k.......	$0^{m^3}042$
Zinc n° 14 et tôle galvanisée.	21° à 18°	......8^{k}50......	$0^{m^3}042$
Mastic bitumineux..........	21° à 18°	.......25^k.......	$0^{m^3}056$

Poids de 1^{m^3} de chêne, 900^k.
Poids de 1^{m^3} de sapin, 600^k.

Ce tableau est extrait en partie de l'Aide-mémoire de M. Claudel, qui l'a pris dans le Cours du général Ardant.

Pour la neige, on peut compter au maximum un poids de 50^k par 1^{m^2} de couverture. Dans nos climats, il suffit de prendre 25^k.

Pour le vent, nous admettons un maximum de 30^k ; dans nos climats nous nous contentons de 10^k.

Couverture en zinc n° 14.

Couverture proprement dite.....	8^k 50
Charpente de sapin $0{,}042 \times 600^k =$	25 20
Neige.......................	25 00
Vent........................	10 00
	68^k 70, soit 70^k.

Couverture en tuiles plates posées à sec.

Couverture proprement dite.....	90^k
Charpente de sapin $0{,}058 \times 600 = 34,\ 8$	
Neige........................	25
Vent.........................	10
	$139^k\ 8$, soit 165^k.

64. — Les charpentes des combles se nomment *fermes*. Le poids de la couverture porté directement par les chevrons est transmis aux fermes par l'intermédiaire des pannes; nous supposons d'abord que sous chaque panne se trouve une contrefiche.

Soit p' le poids de la couverture par unité de surface, comptée suivant la pente de la toiture;

c l'intervalle entre deux fermes;

X la longueur d'un arbalétrier ou d'un chevron;

et L la portée de la ferme.

$$p'c = p.$$

La pression sur l'arbalétrier est $p'cX = pX$; c'est le poids d'un pan de la couverture entre deux fermes.

65. Ferme avec tirant horizontal et une seule panne soutenue par une contrefiche perpendiculaire à l'arbalétrier. (Pl. 32.)

Soit ABO une ferme dont la montée est H et la portée L. (Pl. 32, fig. 53).

Soient X la longueur de l'arbalétrier ou du chevron et p le poids uniformément réparti sur cette pièce par 1 mètre courant. Voir § 64.

Les chevrons sont des pièces continues chargées uniformément sur leur longueur; ils reposent sur trois points d'appui A, D, B, également distants. Les charges sont

en B une pression verticale $\frac{pX}{4}$ de haut en bas.

D id. $\frac{pX}{2}$ id.

A id. $\frac{pX}{4}$. id. et une réaction verticale de bas en haut égale à pX.

Soient pour une demi-ferme T_0 l'effort supporté par FK tirant

T_1	id.	AF tirant
T_2	id.	BF tendeur
C	id.	la contrefiche
γ_1	id.	l'arbalétrier AD
γ_2	id.	l'arbalétrier DB

(Pl. 32, fig. 53). Soient T'_1, T'_2, C', γ'_1, γ'_2, les efforts analogues pour l'autre demi-ferme.

Considérons le point A; il est en équilibre sous l'action des forces $+\frac{pX}{4}, -pX, \gamma_1, T_1$ (nous donnons le signe $+$ aux forces verticales agissant dans le sens de la pesanteur). Puisqu'il y a équilibre, le polygone des forces se ferme. Le polygone des forces s'obtient en portant les forces les unes à la suite des autres dans un ordre quelconque avec leur grandeur et leur direction. Nous connaissons deux forces en grandeur et en direction $+\frac{pX}{4}$, $-pX$ et nous avons les directions des deux autres forces inconnues, γ_1 et T_1. Ce polygone des forces nous permet de trouver par un tracé graphique très-simple les valeurs des inconnues γ_1 et T_1. Construisons-le ; pour cela portons (PL. 32, FIG. 54) sur une verticale, $ba = pX$, et $ad = \frac{pX}{4}$. Par le point d, menons une parallèle df à AD ou γ_1, et par le point b une parallèle bf à AF ou T_1 $fd = \gamma_1$ et $bf = T_1$.

Passons au point D de la FIG. 53 ; les forces $\frac{pX}{2}$, γ_1, γ_2 et C sont en équilibre. Deux sont connues de grandeur et de direction $\frac{pX}{2}$ et γ_1, et nous avons les directions des deux autres γ_2 et C. Pour obtenir ce polygone des forces, portons sur la verticale déjà tracée $dg = \frac{pX}{2}$; par g traçons gh parallèle à BD ou γ_2 et par f traçons fh parallèle à DF ou C. Nous avons ainsi $gh = \gamma_2$ et $fh = C$.

Au point F, les forces C, T_1, T_2, T_0 sont en équilibre, dont deux C et T_1 sont connues en grandeur et en direction, et deux sont connues en direction seulement T_2 et T_0. Pour construire ce nouveau polygone des forces, observons que sur la FIG. 54 $fb = T_1$ et $fh = C$. Par h menons hk parallèle à FB ou T_2 jusqu'à la rencontre de T_1, et nous avons $hk = T_2$ et $kb = T_0$.

Sur la figure nous voyons immédiatement que $T_1 = T_0 + T_2$.

Les polygones des forces pour se fermer, doivent être parcourus d'un trait continu en suivant les directions des diverses forces. Ils nous indiquent donc le sens des efforts inconnus, et par suite s'il y a traction ou compression.

Le 1er polygone est $badfb$; pour le parcourir, il faut aller de b à a, de a à d, de d à f, de f à b. γ_1 est dirigé suivant DA, c'est-à-dire vers A ; il y a compression. T_1 agit de f à b, dans une direction qui s'éloigne de A ; il y a traction.

Dans le 2e polygone, il faut considérer γ_1 comme une réaction, lui donner le sens inverse du précédent. Ce 2e polygone est $dghf$; dg est une force verticale de haut en bas, il ne peut y avoir doute. Il faut aller de d à g, de g à h, de h à f et de f à d. Donc γ_2 et C sont des compressions.

Le 3e polygone est $bfhkb$; T_1 et C doivent être pris comme réactions. On suit de b à f, de f à h, de h à k et de k à b. T_2 et T_0 sont des tractions.

Les compressions sont marquées en traits forts.

Les efforts que supportent les diverses pièces d'une ferme ordinaire, sont, comme on vient de le voir, obtenus par un tracé graphique très-simple, extrait de la *Statique graphique* de M. Maurice Lévy.

66. Application numérique à une couverture en zinc supportée par la ferme de la PL. 32.

Soient une couverture en zinc $p' = 70^k$ par 1^{m^2};
les fermes espacées à 3^m00;
la hauteur de la ferme $H = 2^m,15$;
la portée id. $L = 9^m,00$.

$p = p'e = 70^k \times 3,00 = 210^k$. $X = 5^m,00$ mesuré sur la FIG. 53.

$pX = 210^k \times 5 = 1050^k$. Prenons PL. 32, FIG. 54, 1^{mm} pour 10^k. Nous représentons pX par 105^{mm}, $\frac{pX}{2}$ par $52^{mm},5$ et $\frac{pX}{4}$ par $26^{mm},5$.

Nous lisons sur l'épure, PL. 32, FIG. 54 :

$164^{mm},82$ pour T_1 ou $T_1 = 1648^k,20$.
$109^{mm},00$ pour T_0 ou $T_0 = 1090,\ 00$.
$55^{mm},80$ pour T_2 ou $T_2 = 558,\ 00$.
$182^{mm},70$ pour γ_1 ou $\gamma_1 = 1827,\ 00$.
$160^{mm},00$ pour γ_2 ou $\gamma_1 = 1600,\ 00$.
$48^{mm},00$ pour C ou $C = 480,\ 00$.

67. Application numérique à une couverture en tuiles plates posées à sec, supportée par la ferme de la PL. 32.

Si, après avoir déterminé les efforts, pour une couverture en zinc, nous voulons passer à une autre couverture, par exemple en tuiles plates posées à sec, l'épure déjà construite nous donne facilement la solution. (Voir § 66.)

Le poids de 1^{m^2} de couverture en tuiles plates posées à sec est 165^k. (§ 63.)

$p' = 165^k$. $e = 3^m00$. $p = p'e = 165 \times 3,00 = 495^k$. $X = 5^m00$ mesuré sur la FIG. 53.

Donc : $pX = 495 \times 5,00 = 2475^k00$.

Sur l'épure PL. 32, FIG. 54, nous avons représenté pX par 105^{mm}.

Donc : $2475 : 105 :: x : 1$. $x = \frac{2475}{105} = 23^k6$. 1^{mm} représente 23^k6.

Il résulte que

$T_1 = 164,82 \times 23^k,6 = 3889^k$
$T_0 = 109,00 \times 23,\ 6 = 2573$
$T_2 = 55,8 \times 23,\ 6 = 1317$
$\gamma_1 = 182,7 \times 23,\ 6 = 4312$
$\gamma_2 = 160,00 \times 23,\ 6 = 3776$
$C = 48,00 \times 23,\ 6 = 1133$

Dimensions des différentes pièces de la ferme portant une couverture en tuiles plates posées à sec. (PL. 32 et §§ 65 et 67.)

68. TIRANTS ET TENDEURS.

Nous employons des fers ronds. Soient d le diamètre en millimètre, T la tension en kilog. On obtient d par la formule $\frac{\pi d^2}{4} \times 6^k,6 = T$, en admettant des fers de choix, sinon on prendrait $\frac{\pi d^2}{4} \times 6^k0 = T$. (Voir § 8.)

Les diamètres d sont immédiatement donnés par le tableau graphique PL. 1. On a dans la ferme supportant une couverture en tuiles plates posées à sec du § 67 :

Pour $T_0 = 2573^k$ $\quad d = 22^{mm},5$
$T_1 = 3889^k$ $\quad d = 27^{mm},8$
$T_2 = 1317^k$ $\quad d = 15^{mm},8$

69. CONTREFICHE.

La longueur de la contrefiche mesurée sur l'épure est 1^m20. Nous la supposons en fonte. La charge est 1133^k. Nous lisons immédiatement PL. 4, que son diamètre est 3^c. Ce tableau graphique est construit, comme il a été dit § 16, d'après la formule de Lowe.

70. ARBALÉTRIER. (Voir § 77.)

71. PANNES.

Sur la panne la plus chargée en D, nous avons par 1^m courant un poids uniformément réparti $2,50 \times 70^k = 175^k$. La portée est 3^m.

Nous supposons une section rectangulaire l, h ; comme on a à résister à des efforts de flexion, nous prenons $h > l$. Soit $l = \frac{2}{3} h$. Dans le tableau PL. 10 nous trouvons $l = 9^c,6$ et $h = 14^c,4$.

72. Ferme avec tirant surélevé et une seule panne soutenue par une contrefiche perpendiculaire à l'arbalétrier. (PL. 30 et 31, FIG. 46 et 47.)

Les constructions des PL. 30 et 31, FIG. 46 et 47 sont semblables à celles du § 65, représentées PL. 32, FIG. 53 et 54. Les compressions sont en traits forts.

73. Ferme n° 1 avec tirant horizontal et trois pannes soutenues chacune par une contrefiche perpendiculaire à l'arbalétrier. (PL. 33, FIG. 55 et 56.)

TRACÉ DE LA FERME.

On connait H montée et L portée de la ferme. On a le triangle ABK (PL. 33, FIG. 55). Au milieu O de AB, on élève la perpendiculaire OF jusqu'en F et on joint FB. Au milieu D de AO, on élève la perpendiculaire DI et on joint OI ; au milieu E de OB on élève la perpendiculaire EG et on joint OG.

Soient p la pression par unité de longueur sur l'arbalétrier; X la longueur de l'arbalétrier qui repose sur cinq points d'appui. Les pressions aux points d'appui sont en A et B, $\frac{pX}{8}$; en D, E et O, $\frac{pX}{4}$.

Pour le point A, même tracé qu'au § 65.

De ce tracé on déduit γ_1 et T_1 ou hd et hb.

Pour le point D, on connait $+\frac{pX}{4}$ et γ_1 en grandeur et direction, γ_2 et C_2 en direction.

On conclut leurs grandeurs. (Nous donnons le signe + aux forces verticales agissant dans le sens de la pesanteur, de haut en bas.) Voir § 65.

Pour le point I, on connaît T_1 et C_2 en grandeur et en direction, T_3 et T_2 en direction : on déduit par le tracé (FIG. 56) les valeurs de T_3 et T_2. Voir § 65.

Au point O nous connaissons $+\frac{pX}{4}$ ou ef, γ_2 ou ei, T_3 ou iK, en grandeur et en direction, et γ_3, t_1 et C_4 en direction seulement. Nous avons trois forces inconnues : la solution du § 65 ne s'applique pas. (*)

Menons KOn parallèle à C_4, O est le milieu de l'intervalle $\theta'\theta''$, qui sépare les deux directions γ_2 et γ_3. Prenons $On = KO$ et à cause de la symétrie nous avons Kn égal à C_4. Par n une parallèle à Go nous donne le point m. Nous déterminons ainsi $t_1 = mn$ et $\gamma_3 = fm$. Comme vérification, nous trouvons $t_1 = T_3$ et le point m, sur le prolongement de hi.

En F, E et G, pas de difficultés.

Les compressions sont en traits forts.

74. Ferme n° 2 avec tirant surélevé et trois pannes soutenues chacune par une contrefiche perpendiculaire à l'arbalétrier. (PL. 34, FIG. 59 et 60.)

Comme aux §§ 72 et 73. — Les compressions sont en traits forts.

75. Ferme n° 3 avec tirant horizontal, trois pannes soutenues chacune par une contrefiche inclinée et avec tendeurs verticaux. (PL. 35, FIG. 63 et 64.)

L'épure se construit très-facilement comme les précédentes.

Les compressions sont en traits forts. (FIG. 63 et 64). Dans cette ferme, la longueur de la partie la plus chargée du tirant, $A''I''$, peut être réduite ; à l'aspect de la ferme on juge généralement que les parties comprimées sont les parties verticales, ce qui est inexact. Les pièces ne supportent pas les genres d'efforts, auxquels elles paraissent destinées.

Pour obvier à ces deux inconvénients, nous proposons la ferme n° 4.

76. Ferme n° 4 avec tirant horizontal, trois pannes soutenues chacune par une contrefiche ; les contrefiches parallèles et les tendeurs diversement inclinés. (PL. 36, FIG. 67 et 68.)

On détermine d'abord les trois points D''', O''', E''', appuis des contrefiches, et le point G''' milieu du tirant. On joint $E'''G'''$ et on mène $O'''F'''$ et $D'''I'''$ parallèles à $E'''G'''$.

L'épure se construit facilement comme les précédentes. (FIG. 67 et 68.)

(*) Dans sa *Statique graphique*, M. Maurice Lévy détermine par un tracé particulier γ_4, T_5 et T_0 et remonte ensuite jusqu'au point O. Mais pour ce tracé, il faut retenir des constructions compliquées. Nous n'avons pas adopté ce procédé, qui enlève à la nouvelle méthode présentée pour les charpentes son principal mérite, une extrême simplicité.

CALCUL DES DIMENSIONS DES ARBALÉTRIERS

77. Arbalétrier d'une ferme avec tirant horizontal. § 70. (Pl. 32.)

Il s'agit d'une couverture en tuiles plates posées à sec. Nous donnons même équarrissage à l'arbalétrier sur toute sa longueur, et nous calculons ses dimensions pour la partie inférieure AD la plus chargée. Pour cette portion $\gamma_1=4312^k$ (§ 67). La longueur de AD mesurée sur l'épure est $2^m,50$. Supposons du sapin fort; comme il n'y a pas de flexion à craindre, adoptons la section carrée.

Essayons la formule d'Hodgkinson, § 12, $P=\frac{Kb^4}{L^2}$, applicable pour $\frac{L}{b}$ compris entre 30 et 45. P en kilog. b et L en centimètres.

$K=21420.$ $L=250^c.$ $4312=\frac{21420\times b^4}{250\times 250}.$ $b=10^c6.$ $\frac{L}{b}=23,6,$ la formule n'est pas applicable.

Le tableau § 10 donne 50^k par 1^{c2} pour la résistance du sapin fort, quand $\frac{L}{b}=1$; pour $\frac{L}{b}=20$, nous voyons § 11, qu'il faut prendre $0,58R$. Donc :

$$0,58\times 50^k\times b^2=4312. \qquad b=12^c,2 \text{ et } \frac{L}{b}=20 \text{ environ.}$$

78. Arbalétrier d'une ferme avec tirant surélevé. § 72. (Pl. 30 et 31, fig. 46 et 47.)

Dans une ferme à tirant surélevé, les tirants tendent à se mettre en ligne droite, si l'arbalétrier peut se briser en D. On doit donc donner à l'arbalétrier une grande résistance dans le sens vertical; on ne peut plus prendre une pièce à section carrée comme nous l'avons admis au § 77.

Faisons une application numérique. Soit une couverture en tuiles plates posées à sec; le poids de 1^{m2} de cette couverture, tout compris, est 165^k. § 63. Soit l'espacement des fermes égal à $3^m,00$ et $L=7^m,90$. $p'=165^k$. $e=3^m,00$. $H=3^m,00$. La longueur de l'arbalétrier X mesurée sur la Fig. 46 est $5^m,00$

$$p=p'\times e=165\times 3,00=495^k.$$
$$pX=495\times 5,00=2475^k.$$

Nous avons pris 105^{mm} pour pX. Donc 1^{mm} correspond à $\frac{2475}{105}$, c'est-à-dire à $23^k,6$. Or γ_1 a 173^{mm} (Fig. 47). Donc $\gamma_1=173\times 23,6=4082^k,8$.

Employons la formule d'Hodgkinson : $P=\frac{Kab^3}{L^2}$, applicable pour $\frac{L}{b}$ compris entre 30 et 45. P en kilog. a, b, L en centimètres. Soit $a=22^c$. Pour le sapin fort $K=21420$. $L=2^m,50$, qu'on lit sur la Fig. 46.

$$4082,8=\frac{21420\times 22\times b^3}{250\times 250}. \qquad b=8^c,15. \qquad \frac{L}{b}=30,68, \text{ la formule est applicable.}$$

79. Arbalétrier chargé directement de poids uniformément répartis. (Pl. 30 et 31, fig. 49.)

Dans certaines fermes, on supprime les pannes et les chevrons; on les remplace par des pannes chevrons très-rapprochées et placées suivant les horizontales du toit. L'arbalétrier est alors chargé directement de poids uniformément répartis.

Appliquons à la ferme de la Pl. 32, avec couverture en tuiles plates posées à sec. (Voir § 67.)

Soient L, portée de la ferme $=9^m,00$;

H, montée id. $=2^m,15$;

X, longueur de l'arbalétrier $=5^m,00$, longueur mesurée sur la Fig. 49.

e, écartement des fermes $=3^m,00$.

165^k, poids de 1^{m^2} de couverture en tuiles plates posées à sec. § 63.

$$p=165\times e=495^k. \qquad pX=495\times 5=2475^k.$$

Les pressions aux points d'appui, sont : $\frac{pX}{4}$ en B et O, $\frac{pX}{2}$ en E.

L'arbalétrier BO est soumis aux efforts de compression γ_1 suivant EO et γ_2 suivant BE (Pl. 32, fig. 54) et à des efforts de flexion. Nous ne considérons que la partie EO, la plus chargée; nous donnons à l'arbalétrier mêmes dimensions dans toute sa longueur.

$$\gamma_1=4312^k. \text{ (§ 67.)}$$

Soit $0^m,24$ la hauteur de l'arbalétrier en sapin fort. Employons la formule d'Hodgkinson $P=\frac{Kab^3}{L^2}$, applicable pour $\frac{L}{b}$ compris entre 30 et 45. — P en kilog.; a, b, L en centim., a grand côté, b petit côté, L longueur.

Pour le sapin fort $K=21420$. $\qquad a=24^c$. $\qquad L=250^c$.

$$4312=\frac{21420\times 24}{250\times 250}\times b^3. \qquad b=8^c,1. \qquad \frac{L}{b}>31. \text{ La formule est applicable.}$$

Quant à la flexion, nous savons § 40 que la formule $\frac{RI}{n}=\mu$, donne l'équarrissage d'une pièce reposant sur deux points d'appui et chargée uniformément de poids perpendiculaires à l'axe de la pièce. Nous supposons mêmes dimensions sur toute la longueur; alors l'équarrissage doit être pris pour la section dangereuse au milieu de la pièce; pour cette section $\mu=\frac{p''Z^2}{8}$.

p'', poids uniformément réparti perpendiculaire à l'axe de la pièce.

Z, distance des deux appuis.

L'arbalétrier fait l'angle α avec l'horizon $\qquad p''=p\cos\alpha$.

$$\cos\alpha=\frac{L}{2X} \text{ et } Z=\frac{X}{2}.$$

$$\mu\max=\frac{p''\cos\alpha Z^2}{8}=\frac{p}{8}\times\frac{L}{2X}\times\frac{X^2}{4}=\frac{pLX}{64} \qquad \frac{RI}{n}=\frac{Rlh^2}{6}.$$

$$\frac{RI}{n}=\frac{600000\,lh^2}{6}=\mu\max=\frac{pLX}{64} \qquad h=0^m,24.$$

$$100000 \times 0{,}24 \times 0{,}24 \times l = \frac{495 \times 9 \times 5}{64} \qquad l = 0^m{,}061.$$

Pour la compression $b = 0^m{,}081$; pour la flexion $l = 0^m{,}061$. Ajoutons : l'arbalétrier a $\frac{0^m{,}142}{0{,}24}$.

80. Arbalétrier chargé de pannes, qui ne sont pas toutes soutenues par des contrefiches ou des entraits. (Pl. 30 et 31, fig. 48.)

Appliquons à la ferme de la Pl. 32, avec couverture en tuiles plates posées à sec. Voir § 67.

Soient comme au § 79 :

L, portée de la ferme $= 9^m{,}00$.

H, montée id. $= 2\ {,}15$.

X, longueur de l'arbalétrier $= 5^m{,}00$, mesurée sur la Fig. 48.

e, écartement des fermes $= 3^m{,}00$.

165^k, poids de 1^{m^2} de couverture en tuiles plates posées à sec.

$$p = 165 \times e = 495^k \qquad pX = 495 \times 5 = 2475^k.$$

Les pressions aux points d'appui sont : $\frac{pX}{4}$ en A et B, $\frac{pX}{2}$ en D.

L'arbalétrier AB est soumis aux efforts de compression γ_1 et γ_2 (Pl. 32, fig. 54) et à des efforts de flexion.

Pour la compression, nous rentrons dans le cas précédent. $\gamma_1 = 4312^k$; nous faisons $a = 0^m{,}24$ et par la formule d'Hodgkinson nous trouvons $b = 0^m{,}081$. (§ 79.)

Nous supposons deux pannes S' et S'' (Pl. 30 et 31, fig. 48), également espacées entre les points fixes A et D. La longueur AD est $2^m{,}50$. L'intervalle entre les pannes est donc $\frac{2^m{,}50}{3} = 0^m{,}833$. Le poids uniformément réparti de la couverture sur les chevrons est $p \cos \alpha$ par unité de longueur perpendiculairement aux chevrons. $\cos \alpha = \frac{L}{2X}$ et $p = 495^k$. Sur l'unité de longueur on a $p \cos \alpha = \frac{495 \times L}{2X}$ et sur l'intervalle $0^m{,}833$, c'est-à-dire en S' et en S'' on a $\frac{495 \times L \times 0{,}833}{2X} = 370^k$.

Sur l'horizontale AD (Fig. 50), nous portons $AD = 2^m{,}50$ à l'échelle de 2^c pour $1^m{,}00$. Nous plaçons les poids S' et S'' et les quatre verticales de A, S', S'', D. Nous construisons le polygone des forces $bocfb$ (Fig. 52), et le polygone des moments (Fig. 51), comme il a été indiqué au § 59. — Pour le polygone des forces bf représente S' et fc représente S''. Nous avons pris 1^{mm} pour 10^k. Le pôle o est à l'unité de distance de bc, c'est-à-dire à $1^m{,}00$, ou 2^c dans la Fig. 52. — Le polygone des moments est $as's'd$, et le moment fléchissant maximum est $s't' = s''t'' = 305$.

$$\frac{RI}{n} = \frac{Rlh^2}{6} = 305. \qquad R = 600000 \qquad l = 0^m{,}24.$$

$$100000 \times 0{,}24 \times 0{,}24 \times l = 305 \qquad l = 0^m{,}053 \qquad \text{Or } b = 0^m 081.$$

$$\text{Ajoutons : } l + b = 0^m{,}081 + 0^m{,}053 = 0^m{,}134.$$

L'arbalétrier a $\frac{0^m{,}134}{0^m{,}24}$.

81. Comparaison de quatre fermes à grande portée de types différents.

Les fermes que nous allons comparer ont été décrites sous les dénominations, n° 1 (§ 73, Pl. 33), n° 2 (§ 74, Pl. 34), n° 3 (§ 75, Pl. 35), n° 4 (§ 76, Pl. 36).

Appliquons à une portée de $23^m,00$ et une montée de $6^m,50$. Soit une couverture en tuiles mécaniques. Le poids de 1^{m^2} de couverture suivant la pente du toit est 130^k. L'espacement des fermes est $4^m,00$. La construction de la ferme a été faite à l'échelle de 1^c pour $1^m,00$. Sur cette figure, on trouve que l'arbalétrier a une longueur de $13^m,20$.

Les épures relatives aux efforts supportés par les différentes pièces ont été tracées à l'échelle de 1^{mm} pour 30^k.

Supposons trois contrefiches. Les pannes sont placées au-dessus de ces contrefiches et au milieu des intervalles entre les contrefiches; l'écartement des pannes est $\frac{13^m,20}{8}=1^m,65$. En résumé :

$$L=23^m,00. \quad H=6^m,50. \quad X=13^m,20. \quad e=4^m,00 \quad p'=130^k.$$

$$p=p'e=520^k. \quad pX=520\times 13,20=6884^k.$$

CONTREFICHES EN FONTE. — Elles sont calculées d'après le tableau graphique de la Pl. 2, relatif à la compression.

PIÈCES EN FER. — Elles sont soumises à l'extension. Elles sont calculées d'après le tableau graphique de la Pl. 1, construit d'après la formule $\frac{\pi d^2}{4}\times 6600000=T$. Pour le poids de ces pièces on a $\frac{\pi d^2}{4}\times l\times 7888=P$. T tension, d diamètre, l longueur en mètre, P poids de la pièce en kilog., 7788^k poids de 1^{m^3} de fer.

ARBALÉTRIERS. — Ils sont en bois par économie; nous supposons du sapin fort. Ils résistent à la compression et à la flexion.

Pour la compression on se sert de la formule d'Hodgkinson § 12, applicable pour $\frac{L}{b}$ compris entre 30 et 45. L longueur de la pièce, b petit côté, et a grand côté. — Quand $\frac{L}{b}$ est <30, on emploie la formule $\frac{1}{n}\times 500000\times a\times b=\gamma_1$. (Voir § 14.) γ_1 est l'effort de compression sur la partie la plus chargée de l'arbalétrier, $\frac{1}{n}$ est donné par le tableau § 11 et dépend du rapport $\frac{L}{b}$.

Pour la flexion, nous avons une pièce de longueur $Z=\frac{X}{4}=3^m,30$, chargée en son milieu d'un poids $P'=\frac{pX}{8}\cos\alpha$. Le moment fléchissant max. est $\frac{P'Z}{4}$.

$$\frac{pX}{8}=\frac{6884}{8}=858^k. \qquad \cos\alpha=\frac{L}{2X}=\frac{23}{26,40}. \qquad \text{D'où } P'=747^k,50.$$

$$\mu\,\text{max}=\frac{747,50\times 3,30}{4}=616,70. \qquad \frac{RI}{n}=\frac{Rlh^2}{6}=\frac{600000}{6}lh^2=616,70.$$

h est la valeur a employée déjà pour la compression; on déduit donc l.

$l+b$ est la seconde dimension de l'arbalétrier, qui a pour équarrissage $\frac{l+b}{a}$ ou $\frac{l+b}{h}$.

82. — Ferme n° 1.

$pX = 6864^k$ $L = 23^m,00$ $H = 6^m,50$ $X = 13^m,20.$

	sur			Longueur des pièces.	Dimensions transversales.	Poids ou volumes.	
		mm		m	m	k	
T_1	AI	354,2	10626^k	3,80	0,0453	47,65	
T_0	GK	202,7	6081	3,80	0,0343	27,27	
T_2	IG	304,2	9126	3,90	0,0420	42,00	
T_3	DI	50,0	1500	3,80	0,0170	6,73	$164^k,41$ (fer).
T_3	DM	50,0	1500	3,80	0,0170	6,73	
T_4	GM	101,5	3045	3,80	0,0242	13,65	
T_5	MB	151,5	4545	3,80	0,0296	20,38	
C_1	DG	100,0	3000	3,70	0,062	81,54	
C_2	EI	50,0	1500	1,85	0,040	16,97	$115^k,48$ (fonte).
C_2	FM	50,0	1500	1,85	0,040	16,97	
γ_1	AE	406,0	12180	3,30		$0^{m^3},198$	
γ_2	ED	378,0	11340	3,30	$\frac{0^m,21}{0^m,28}$	0,198	$0^{m^3},792$ (bois).
γ_3	DF	350,0	10500	3,30		0,198	
γ_4	FB	322,0	9660	3,30		0,198	

$\delta = 7,788$ pour le fer. $\delta = 7,300$ pour la fonte.

Pour l'arbalétrier $b = 0^m,128$ $l = 0^m,079$ $l + b = 0^m,21$ $a = 0^m,28.$

83. — Ferme n° 2.

$pX = 6864^k$ $L = 23^m$ $H = 6^m,50$ $H' = 5^m,50$ $X = 13^m,20.$

	sur			Longueur des pièces.	Dimensions transversales.	Poids ou volumes.	
		mm		m	m	k	
T_1	A'I'	471,7	14150^k	3,55	0,0523	59,28	
T_0	G'T'	240,0	7200	4,45	0,0373	37,81	
T_2	I'G'	406,0	12180	3,55	0,0485	51,02	
T_3	I'D'	66,0	1980	3,55	0,0196	8,30	$217^k,75$ (fer).
T_3	D'M'	66,0	1980	3,55	0,0196	8,30	
T_4	G'M'	178,0	5340	3,55	0,0321	22,37	
T_5	M'B'	244,0	7320	3,53	0,0376	30,67	
C_1	D'G'	100,0	3000	2,60	0,053	41,87	
C_2	E'I'	50,0	1500	1,30	0,040	11,93	$65^k,73$ (fonte).
C_2	F'M'	50,0	1500	1,30	0,040	11,93	
γ_1	A'E'	535,5	16065	3,30		$0^{m^3},228$	
γ_2	E'D'	507,5	15225	3,30	$\frac{0^m,23}{0^m,30}$	0,228	$0^{m^3},912$ (bois).
γ_3	D'F'	479,5	14385	3,30		0,228	
γ_4	F'B'	451,5	13545	3,30		0,228	

Pour l'arbalétrier $b = 0^m,151$ $l = 0^m,079$ $l + b = 0^m,23$ $a = 0^m,30.$

84. — Ferme n° 3.

$pX = 6864^k$ $L = 23^m,00$ $H = 6^m,50$ $X = 13^m,20$.

	sur			Longueur des pièces.	Dimensions transversales.	Poids ou volumes.	
		mm		m	m	k	
T_1	$A''I''$	354,20	10626^k	5,75	0,0453	72,09	
T_0	$G''K''$	250,20	7506	2,875	0,0381	25,47	
T_2	$I''G''$	302,70	9081	2,875	0,0419	30,81	162^k,37 (fer).
T_3	$I''D''$	30,0	900	3,25	0,0132	3,45	
T_4	$F''G''$	59,0	1770	4,875	0,0185	10,18	
T_5	$B''K''$	177,0	5310	$\frac{1}{2}\times$6,50	0,0320	20,37	
C_1	$E''I''$	60,0	1800	3,30	0,05	47,30	
C_2	$D''G''$	78,5	2355	4,35	0,06	89,78	349^k,98 (fonte).
C_3	$F''K''$	102,5	3075	5,80	0,08	212,90	
γ_1	$A''E''$	406,0	12180	3,30		0^{m^3},198	
γ_2	$E''D''$	364,0	10920	3,30	$\frac{0^m,21}{0^m,28}$	0,198	0^{m^3},792 (bois).
γ_3	$D''F''$	305,3	9159	3,30		0,198	
γ_4	$F''B''$	246,6	7398	3,30		0,198	

$b = 0^m,128$ $l = 0^m,079$ $l + b = 0^m,21$ $a = 0^m,28$.

85. — Ferme n° 4.

$pX = 6864^k$ $L = 23^m,00$ $H = 6^m,50$ $X = 13^m,20$.

	sur			Longueur des pièces.	Dimensions transversales.	Poids ou volumes.	
		mm		m	m	k	
T_1	$A'''I'''$	354,2	10626^k	3,83	0,0453	48,60	
T_0	$G'''K'''$	253,0	7590	3,83	0,0384	34,74	
T_2	$I'''G'''$	304,0	9120	3,83	0,0421	41,75	144^k,16 (fer).
T_3	$I'''D'''$	50,0	1500	3,83	0,0169	6,87	
T_4	$F'''G'''$	66,0	1980	5,00	0,0196	11,83	
T_5	$B'''K'''$	177,0	5310	$\frac{1}{2}\times$6,50	0,0320	20,37	
C_1	$E'''I'''$	50,0	1500	1,90	0,0325	11,50	
C_2	$D'''G'''$	75,0	2250	3,85	0,0420	39,00	194^k,00 (fonte).
C_3	$F'''K'''$	102,5	3075	5,80	0,0657	143,50	
γ_1	$A'''E'''$	406,0	12180	3,30		0^{m^3},198	
γ_2	$E'''D'''$	377,0	11310	3,30	$\frac{0^m,21}{0^m,28}$	0,198	0^{m^3},792 (bois).
γ_3	$D'''F'''$	304,0	9120	3,30		0,198	
γ_4	$F'''B'''$	246,6	7398	3,30		0,198	

Pour l'arbalétrier $b = 0^m,128$ $l = 0^m,079$ $l + b = 0^m,21$ $a = 0^m,28$.

86. — L'examen des quatre tableaux qui précèdent montre que les fermes n° 1 et n° 4 sont sensiblement les plus économiques. La ferme n° 4 est plus avantageuse que la ferme n° 3.

Les résultats donnés sont relatifs à une demi ferme.

87. Ferme en bois avec une panne soutenue par une contre-fiche inclinée. (PL. 33, FIG. 57 et 58.)

Pour la construction, voir § 65.

88. Ferme en bois avec une panne soutenue par un entrait. (PL. 34, FIG. 61 et 62.)

Pour la construction, voir § 65.

En examinant l'épure FIG. 62, on reconnaît que la présence de l'entrait diminue notablement la compression γ_2 sur la partie supérieure de l'arbalétrier.

89. Ferme en bois avec une panne soutenue par une contre-fiche verticale. (PL. 35, FIG. 65 et 66.)

Pour la construction, voir § 65.

Les compressions γ_1 et γ_2 sur les deux parties de l'arbalétrier sont égales, à cause de la présence de la contrefiche verticale.

90. Ferme à la Mansard. (PL. 36, FIG. 69 et 70.)

TRACÉ DE LA FERME. — AD est incliné à $\frac{3}{1}$; le tirant supérieur DD' est à une distance verticale du tirant inférieur AA', telle que le comble puisse être habité. Ordinairement, entre le plancher et le plafond, on laisse $2^m,00$; entre les deux axes AA' et DD', il faut environ $2^m,40$.

Soient e l'écartement des fermes (FIG. 69); l la longueur du pan AD; P' le poids de 1^{m^2} de couverture sur ce pan; X la longueur du pan DB; p' le poids de 1^{m^2} de couverture sur ce pan; L la distance AA'; L' la distance DD'; H' la hauteur BF.

$$P = P'e \text{ et } p = p'e.$$

Pour avoir T_0, ou la tension du tirant AA', il faut porter (FIG. 79) sur la verticale pX et Pl. Pour la construction, voir § 65.

91. Ferme pour ateliers. (PL. 37, FIG. 71, 72, 73.)

Les deux pans de la couverture sont inégaux. La partie AB est vitrée pour donner du jour dans l'atelier.

Soient e l'écartement des fermes;

l la longueur du pan AB;

P' le poids de 1^{m^2} de la couverture de ce pan; $P = P'e$;

X la longueur du pan BD;

p' le poids de 1^{m^2} de la couverture de ce pan; $p = p'e$.

Le mètre carré de couverture est toujours pris suivant la pente.

En A on a une réaction inconnue A et une pression $\frac{Pl}{2}$; en B $\frac{Pl}{2}$ et $\frac{pX}{4}$; en E $\frac{pX}{2}$; en D $\frac{pX}{4}$ et une réaction inconnue D.

Cherchons d'abord les réactions A et D. Nous avons des forces verticales dans un plan qui sont en équilibre. Construisons les polygones des forces et des tensions (voir § 53); nous en déduisons les deux forces connues en direction, mais inconnues en intensité, qui sont les réactions. Pour obtenir les polygones des forces et des tensions, menons les verticales de A, B, E, D (Fig. 71). Sur une autre verticale, portons $\frac{Pl}{2}$, $\frac{Pl}{2}+\frac{pX}{4}$, $\frac{pX}{2}$ et $\frac{pX}{4}$ (Fig. 72). Joignons les points d', f' g' à un pôle quelconque O. Par un point S quelconque de la verticale de A, menons SU parallèle à $d'o$; UV parallèle à $f'o$, et VZ parallèle à $g'o$. Joignons SZ et menons OK' parallèle à SZ. La réaction A est $a'k'$ et la réaction D est $k'b'$.

Le tracé de l'épure (Fig. 73), ne présente plus de difficultés, dès qu'on connait les réactions A et D. Nous avons trois tensions T_0, T_1 et T_2 et quatre compressions marquées en traits forts, C_1, γ_1, γ_2 et γ_3.

92. — La ferme, dont nous venons de nous occuper, a pour objet de donner du jour à l'intérieur des bâtiments qu'elle recouvre, sans laisser pénétrer les rayons solaires. Les heures de la journée, pendant lesquelles il importe de ne pas être gêné par le soleil, varient suivant la destination des constructions. Ainsi, pour des bâtiments d'exposition, il faut n'avoir pas de soleil de dix heures du matin à quatre heures du soir, c'est-à-dire, dans le temps pendant lequel les visiteurs arrivent en grand nombre. Pour des ateliers, les conditions sont différentes.

Il est utile de connaître à quelles heures les rayons solaires cessent de pénétrer, suivant l'orientation du bâtiment et la latitude du lieu.

M. le capitaine du génie Petitbon, adjoint au professeur de topographie et de géodésie à l'École d'application de l'Artillerie et du Génie, a bien voulu faire ces recherches et construire des tableaux qui résument son travail.

Le pan le plus raide de la couverture fait avec la verticale l'angle de 20°; il est tourné vers le nord. On n'a pas tenu compte de la réfraction. Soient λ la latitude du lieu et j le demi-angle du secteur de nuit au solstice d'été. (Voir Pl. 37, Fig. 74.)

Les calculs ont été faits pour les solstices d'été et d'hiver et pour les équinoxes. On a supposé trois orientations extrêmes :

Dans la 1re le bâtiment fait avec la ligne NS l'angle j (demi-secteur de nuit). (Fig. 74).

2e	—	—	NS	— 90° c.-à-d. est orienté $E.O.$ (Fig. 75).
3e	—	—	NS	— 180°—j. (Fig. 76).

On a considéré successivement les latitudes de Lille, Paris, Orléans, Nevers et Bordeaux.

Parcourons la première colonne relative à Lille (Pl. 38). Nous voyons que :

Au solstice d'été :

Avec l'orientation j, on n'a pas de soleil de $11^h,41^m$ du matin à $7^h,57^m$ du soir.

—	90°	—	$9^h,09^m$	—	$2^h,51^m$	—
—	180°—j	—	$12^h,19^m$ du soir		$7^h,57^m$	—

A l'équinoxe :

Avec l'orientation j, on n'a pas de soleil de $10^h,55^m$ du matin à 6^h du soir.

—	90°	—	6^h		— 6^h	—
—	$180°—j$	—	$2^h,05^m$	du soir	6^h	—

Au solstice d'été :

Avec une orientation qui ne traverse pas le secteur de jour (non bordé de hachures) on n'a pas de soleil de $7^h,57^m$ du matin à $4^h,03^m$ du soir.

D'après les tableaux (Pl. 38 et 39) on peut pour une latitude donnée, choisir l'orientation de manière à intercepter le mieux possible les rayons solaires pendant certaines heures déterminées d'avance.

POUTRE EN TREILLIS, SYSTÈME DE HOVE

93. Poutre en treillis posée sur deux points d'appui de niveau, et formée de barres qui figurent des triangles isocèles. (Pl. 40.)

Soient huit poids égaux p, également distants, suspendus à la poutre en j, l, m, n, o, q, r, s. Soient a et i les points d'appui de niveau; b, c, d, e, f, g, h, les sommets des triangles à la partie supérieure (Pl. 40, fig. 77). Nous cherchons les efforts supportés par les différentes barres. En a, nous avons la réaction de bas en haut suivant la direction 10, et les actions de tout le système, qui se transmettent suivant les barres 11 et 12. Coupons ces barres à une petite distance de a, et supposons-les remplacées par les efforts qu'elles supportent. En a les forces 10, 11, 12 sont en équilibre. Le polygone de ces forces est donc fermé. Négligeons le poids des barres qui nous est inconnu; la réaction 10 est égale à $4p$. Pour construire le polygone 10, 11, 12 (voir § 65) portons sur une verticale $AB = 4p$ (Fig. 78). En B, menons BC parallèle à aj, et en A menons AC parallèle à ab; AB agit de bas en haut; le polygone doit être parcouru comme il suit : de A à B, de B à C, de C à A. BC s'éloigne de a; la barre aj est étendue; CA se dirige vers a; la barre ab est comprimée. Les pièces comprimées sont marquées en traits forts.

En j, nous avons 11 connu, $1 = p$, 13 et 14, efforts connus en direction seulement. Sur une verticale nous portons 1 suivant ED (Fig. 80); de E nous menons une parallèle à 11, et nous prenons EG égal à 11, force connue. De l'extrémité D nous traçons une parallèle à 14, et de G une parallèle à 13. Le polygone doit être parcouru dans le sens E, D, F, G, E. Donc FG ou 13 est une compression, DF ou 14 une extension. Il n'y a pas de doute possible, car ED est un poids qui agit de haut en bas. 11 agissant ici comme réaction, doit être porté dans le sens opposé à celui que nous avons trouvé pour cette force dans le polygone précédent ABC.

En b nous trouvons quatre forces 12 et 13 connues, 15 et 16 connues seulement en direction. La construction du polygone des forces (Fig. 79) ne présente pas de difficulté. Ainsi de suite pour les autres sommets.

Les barres 25 et 27 ne sont soumises ni à l'extension ni à la compression.

En réunissant toutes ces constructions, on arrive au diagramme de la Fig. 82.

94. — Nous avons représenté (PL. 41, FIG. 83 et 84) une autre poutre en treillis, système de Hove, avec les poids attachés à la partie supérieure de la poutre.

POUTRE EN TREILLIS, SYSTÈME DE TOWN

95. — Les poutres en treillis du système de Town se composent de madriers de 7^c à 8^c d'épaisseur sur 25^c à 30^c de hauteur, qui se croisent à peu près à angle droit, font avec la verticale des angles de 45° et sont maintenus en haut et en bas par des pièces moisées horizontales. Pour former ces moises, on dispose de chaque côté du treillis deux cours de madriers de 7^c à 8^c d'épaisseur, et de 25^c à 30^c de hauteur, dont les joints se recoupent (voir PL. 41, FIG. 85). Deux chevilles coincées en bois sont placées au croisement des madriers des treillis entre eux et quatre chevilles coincées à leur rencontre avec les moises.

Pour un pont ou une passerelle, on a deux poutres en treillis, réunies par des traverses, sur lesquelles repose le tablier. Lorsqu'il s'agit d'un pont de $4^m,00$ à $5^m,00$ de largeur, destiné à supporter des fardeaux ordinaires, on peut régler la hauteur de la poutre d'après la règle de Town. Soient H cette hauteur et X la portée $H=\frac{1}{10}$ à $\frac{1}{12}$ de X.

Pour déterminer exactement la hauteur à donner à la poutre, on la considère comme une pièce posant librement sur deux appuis de niveau, et chargée d'un poids uniformément réparti. L'équation d'équarrissage est : § 40.

$$\frac{RI}{n}=\frac{pZ^2}{8}.$$

R, charge permanente du bois $=600000^k$ par 1^{m^2};

I, moment d'inertie de la section ;

n, distance de la fibre la plus éloignée à l'axe de la pièce;

p, charge par 1^m courant;

X, portée. (Voir PL. 41, FIG. 85 et 86.)

$I=\frac{l(H^3-H'^3)}{12}$ $n=\frac{H}{2}$. Dans la valeur de I, on ne tient pas compte du treillis.

On prend $H-H'=2l$. Soit $l=0^m,30$.

$$H^2-H\left(0,60+\frac{pX^2}{432000}\right)+0,17=0.$$

Pour une telle poutre on admet que p ne dépasse pas 1000^k par 1^m courant; c'est-à-dire que 2000^k est au maximum la charge du pont par 1^m courant.

96. — Lorsque les charges sont plus considérables, on place trois cours de moises en haut et en bas avec deux treillis. (FIG. 87.) On a alors la formule : ($l=0^m,30$).

$$H^2-H\left(0,60+\frac{pX^2}{648000}\right)+0,12=0$$

qui donne des bons résultats jusqu'à $p=1500^k$ par 1^m courant.

97. — Au-delà on prend deux treillis avec deux rangs de moises en haut et en bas. (FIG. 88.)

Il résulte de cette disposition la formule ($l=0^m,30$).

$$H^2-H\left(1,80+\frac{pX^2}{1296000}\right)+1,20=0.$$

Dans la composition du treillis, on adopte entre le vide et le plein les rapports suivants. Pour des constructions très-solides : 1,5 à 2,00.

moyennes : 2,5 à 3,00.

légères : 3,5 à 5,00.

Il faut assurer la rigidité de ces poutres en treillis par un contreventement très-solide.

POUTRES ARMÉES

98. Poutre chargée d'un poids P en son milieu.

Soit une poutre AB de longueur X (PL. 44, FIG. 93) chargée d'un poids unique P en son milieu D.

Le point D est soutenu par une contrefiche DF, maintenue par deux tirants AF et FB.

Nous employons des constructions identiques à celles qui ont été décrites pour la poutre de Hove.

En A et B réactions $\frac{P}{2}$.

Pour le point A, nous portons sur une verticale (FIG. 94) $NO=\frac{P}{2}$; par O et N, nous menons des parallèles à AD et AF. Nous avons $MN=\gamma_1$ et $MO=T_1$. Le polygone ONM doit être parcouru dans le sens O, N, M. Donc γ_1 est une compression et T_1 une extension.

Pour le point F, nous menons par M et O des parallèles à DF et BF. $MR=C=P$ et $OR=T_2=T_1$. Ainsi de suite.

Les pièces sont soumises à des efforts d'extension ou de compression; nous déterminons leurs dimensions, comme il a été indiqué pour les fermes §§ 68 à 71.

99. Poutre chargée d'un poids P' unique en un point quelconque. (PL. 44, FIG. 95.)

Nous ne connaissons pas les réactions en A' et B'. Mais nous savons que la compression C' suivant $D'F'$ est P'. On construit d'abord le triangle $M'O'R'$ (FIG. 96) qui donne T_1' et T_2' ; puis les triangles $M'O'N'$ et $O'R'S'$. On en déduit γ_1, γ_2 et les réactions $O'N'$ en A' et $O'S'$ en B'.

100. Poutre chargée d'un poids uniformément réparti, p par unité de longueur. (PL. 44, FIG. 97.)

Nous avons une pièce posant librement sur trois points d'appui. Nous avons en

A'' et B'' des pressions $\frac{pX}{4}$ et en D'' $\frac{pX}{2}$. X étant la longueur $A''B''$ et p, le poids par unité de longueur uniformément réparti. Nous construisons l'épure (FIG. 98) sans difficulté. Nous avons indiqué, lorsqu'il s'est agi des fermes de charpente, comment on doit déterminer les dimensions des pièces soumises à des efforts de compression ou d'extension.

La pièce $A''B''$ est analogue à un arbalétrier chargé de pannes chevrons § 79. Elle supporte des efforts de compression γ_1'' et γ_2'' et des efforts de flexion. Il n'y a pas à tenir compte de γ_2''.

Pour γ_1'' le calcul a déjà été indiqué § 79.

Pour la flexion, nous savons que le moment fléchissant maximum est au milieu en D'' et est égal à $\frac{pz^2}{8}$; $z = \frac{X}{2}$. Donc $\mu \max = \frac{pX^2}{32}$. $\frac{RI}{n} = \frac{pX^2}{32}$.

On ajoute ensuite les dimensions trouvées pour γ_1'' et pour la flexion. Voir § 79.

101. Poutre chargée d'un poids uniformément réparti p par unité de longueur et d'un poids P en un point quelconque.

Réunir ce qui a été dit aux §§ 99 et 100.

POITRAILS

102. Pour former les poitrails, on réunit ordinairement deux fers à double T. (Voir le résumé des leçons sur les constructions en bois et fer).

Les poitrails sont des pièces posant librement sur deux points d'appui. (Voir §§ 56 à 60.) Ils ont quelquefois à porter des murs ou des cloisons, dans lesquels existent des baies, portes ou fenêtres. On a alors des pièces posant sur deux points d'appui et chargées de poids uniformément répartis sur une portion de leur longueur.

103. Pièces horizontales posant sur deux points d'appui et chargées de poids uniformément répartis sur une portion de leur longueur.

On ramène ce cas à ceux du § 59.

Il suffit de décomposer la poutre en tronçons égaux assez petits, et d'appliquer au milieu de chacun d'eux des poids égaux faciles à trouver, car on connaît la valeur du poids uniformément réparti et la longueur de chaque tronçon. On a finalement une poutre posant sur deux points d'appui et chargée d'un certain nombre de poids connus. La solution a été donnée § 59, pour deux poids; le problème se résoud de même, quand le nombre des poids est plus grand que deux.

PIÈCES EN ARC

104. — Les pièces en arc sont employées pour les ponts. Elles sont surmontées d'un tympan, terminé à la partie supérieure par une ligne horizontale, sur laquelle s'appuie le tablier du pont.

Ce système est une poutre de Hove, dont la table horizontale est courbe.

105. — Soient seize poids égaux, répartis à intervalles égaux sur la partie horizontale du tympan d'un arc (PL. 42-43, FIG. 91).

Faisons d'abord abstraction des poids de l'arc et des pièces du tympan.

L'épure FIG. 92 se construit sans difficulté. On a supposé $p = 2000^k$, et dans la FIG. 92 on a pris 1^{mm} pour 100^k.

On commence par porter sur une verticale les seize poids égaux chacun à p ; on mène les directions des deux réactions en a et a' et on a les réactions 17 et 18.

Au point a, on connaît 18, on en déduit 19 et 20.

Au point 1, on connaît 1 et 19, on en conclut 21 et 22.

Au point b, on connaît 20 et 21, on en déduit 23 et 24.

De même pour les autres points.

Les compressions sont tracées en traits forts.

106. — Considérons le même exemple, et cherchons à tenir compte des poids de l'arc et des pièces du tympan. On obtient la section de l'arc d'une façon approchée par la formule du § 19. On se donne une valeur approximative des poids des pièces du tympan. Il en résulte en b, c, d, etc., des charges de 200^k environ. Pour le cas qui nous occupe, il faut prolonger les réactions 17 et 18 au-delà du point O (FIG. 92 bis), et intercaler dans l'angle la somme des charges verticales en b, c, d, etc. Soit 3000^k ou 3^c à l'échelle de 1^{mm} pour 100^k. C'est des points de division de cette verticale MN que partent les lignes 20, 24, etc., qui ne passent plus au point O. Le reste de la construction ne présente pas de difficulté. (PL. 42-43, FIG. 92 et 92 bis.) Il est plus simple de porter en 1, 2, 3, ... 16, les poids qui agissent en b, c, d, e, ... et de faire l'épure, comme il a été indiqué § 105.

TORSION

107. — Pour la torsion, on a une équation d'équarrissage analogue à celle de la flexion.

$$\frac{KI'}{n} = \mu.$$

K, coefficient particulier à chaque substance ;

I', moment d'inertie polaire ;

n, distance à l'axe de la fibre la plus éloignée ;

μ, moment des forces extérieures.

Valeurs de K par 1^{mm^2}.

	Arbres allégés.	Arbres moteurs.
Fer..........	4^k,000	2^k,000
Fonte........	1^k,334	0^k,667
Chêne	0^k,266	0^k,133
Sapin........	0^k,288	0^k,144

108. Moments d'inertie polaire.

CYLINDRE PLEIN. — La surface d'une couronne annulaire de rayon r, et d'épaisseur dr est $2\pi r dr$

$$I' = \int r^2 d\omega = \int_0^R 2\pi r^3 dr = \frac{\pi R^4}{2}. \qquad \frac{I'}{R} = \frac{\pi R^3}{2}.$$

PRISME CARRÉ. — $I' = \int r^2 d\omega = \int x^2 d\omega + \int y^2 d\omega = 2I.$

I, moment d'inertie par rapport à un axe passant par le centre et parallèle à un des côtés du carré.

$$I = \frac{h^4}{12} \text{ (§ 32)} \qquad I' = \frac{h^4}{6} \text{ (Pl. 44, fig. 99).}$$

PIÈCES ENCASTRÉES

109. — Une poutre est encastrée sur un appui, quand sa liaison avec l'appui tend à réduire en ce point la déviation de l'axe de la pièce. L'encastrement est parfait, quand la déviation de l'axe, au point d'encastrement est rigoureusement nulle. L'encastrement est imparfait, quand la déviation de l'axe, sans être nulle, est gênée par sa liaison et limitée à une valeur inférieure à celle qu'elle prendrait, si la poutre était posée simplement sur l'appui.

Nous ne nous occuperons que des encastrements parfaits.

110. — Un encastrement peut être remplacé par deux forces dans des directions opposées R et Q' (Pl. 44, fig. 100), ou par une force R' et un couple $(Q - Q)$.

111. Pièce horizontale encastrée à une extrémité chargée d'un poids p par unité de longueur uniformément réparti. (Voir Pl. 45, fig. 101).

Soit une poutre d'une longueur a, encastrée à une extrémité et chargée d'un poids p par unité de longueur, uniformément réparti. Nous supposons que ce poids est dans le plan de symétrie de la pièce, et que la poutre est horizontale avant la flexion.

L'axe de la pièce devient M_0MN après la flexion. Prenons l'horizontale du point d'encastrement M_0 pour axe des x, et la verticale M_0y pour axe des y.

L'équation d'équarrissage se réduit à $\frac{RI}{n}=\mu$. La force p est verticale. Donc $\Sigma P_x=0$.

Considérons une section perpendiculaire à l'axe, faite par un point quelconque M à une distance x de l'origine des coordonnées. Il faut trouver la valeur de μ pour ce point M, c'est-à-dire le moment par rapport à M des forces extérieures situées d'un même côté de M, par exemple à droite. Ce moment des forces extérieures est le *Moment fléchissant*. § 24.

Le poids uniformément réparti sur la longueur $(a-x)$ est $p\,(a-x)$. Son bras de levier $\frac{a-x}{2}$. Donc le moment

$$\mu=\frac{p}{2}\left(a-x\right)^2. \qquad \frac{RI}{n}=\mu=\frac{p}{2}\left(a-x\right)^2.$$

Supposons à la poutre une section rectangulaire constante. Nous prenons pour son équarrissage celui qui convient à la section la plus chargée, qui est la *Section dangereuse*, et qui correspond au maximum de μ.

μ est maximum pour $x=0$. La section dangereuse est au point d'encastrement

$$\mu\,\mathrm{max}=\mu_0=\frac{pa^2}{2}.$$

Supposons à la poutre une section variable. Pour $x=a$ $\mu=0$. Les valeurs de μ sont les ordonnées au-dessous de l'axe x d'une parabole à axe vertical, dont le sommet est à une distance a de l'origine (PL. 45, FIG. 102) et dont l'équation est

$$y=\frac{p}{2}\left(a-x\right)^2.$$

Les forces verticales tendent à produire un cisaillement en même temps qu'une flexion. La force T qui produit le cisaillement est ΣP_y. C'est l'*Effort tranchant*.

Pour le point M, $T=p\,(a-x)$. On voit que $T=-\frac{d\mu}{dx}$.

L'équation de l'axe de la pièce est donnée par l'équation d'équilibre $\frac{EI}{\rho}=\mu$. § 23.

Au point M $$\frac{EI}{\rho}=EI\frac{d^2y}{dx^2}=\frac{p}{2}\left(a-x\right)^2$$

Intégrant

$$EI\frac{dy}{dx}=\frac{p}{2}\left(a^2x-ax^2+\frac{x^3}{3}\right).$$

Pour $x=0$, la tangente est horizontale, donc la constante est nulle.

Intégrant de nouveau

$$EIy=\frac{p}{2}\left(\frac{a^2x^2}{2}-\frac{ax^3}{3}+\frac{x^4}{12}\right).$$

Pour $x=0$, $y=0$. Donc la constante est nulle.

Cette équation permet de trouver la quantité, dont la pièce s'abaisse par la flexion, c'est-à-dire la *Flèche de courbure*.

L'abaissement maximum est pour $x=a$. Soit f l'ordonnée de ce point.

$$EIf=\frac{pa^4}{8}.$$

112. Pièce horizontale encastrée à une extrémité et chargée d'un poids P à son autre extrémité.

Soit a la longueur de la pièce (Pl. 45, fig. 103) $\frac{RI}{n}=\mu$.

MOMENT FLÉCHISSANT. — Pour le point M $\mu=P(a-x)$.

Il est maximum pour $x=0$ $\mu \max=\mu_0'=Pa$.

La *section dangereuse* est au point d'encastrement.

Dans l'exemple précédent, nous avons trouvé $\mu_0=\frac{pa^2}{2}$. Soit $P'=pa$ $\mu_0=\frac{P'a}{2}$.

Si $P'=P$ $\mu_0=\frac{1}{2}\mu_0'$.

Dans le cas d'une section variable, les moments fléchissants sont limités par l'horizontale et la droite HN (Pl. 45, fig. 104).

$$\mu=y=P\ (a-x).$$

EFFORT TRANCHANT. — Au point M $T=P=-\frac{d\mu}{dx}$. (§ 111.)

L'effort tranchant est P en tous les points.

FLÈCHE DE COURBURE. — Pour le point M

$$EI\frac{d^2y}{dx^2}=P\left(a-x\right) \qquad EI\frac{dy}{dx}=P\left(ax-\frac{x^2}{2}\right) \qquad EIy=P\left(\frac{ax^2}{2}-\frac{x^3}{6}\right)$$

$x=a$ $EIf'=\frac{Pa^3}{3}$.

Nous avons eu § 111 $EIf=\frac{pa^4}{8}$.

Soit $pa=P'$. $EIf=\frac{P'a^3}{8}$. Si $P'=P$ $\frac{3}{8}f'=f$.

113. Pièce horizontale encastrée à une extrémité, chargée d'un poids P à son extrémité et d'un poids P_1 en un point de sa longueur.

Soit a la longueur de la poutre.

a_1 la distance de P_1 au point d'encastrement $\frac{RI}{n}=\mu$.

MOMENT FLÉCHISSANT. — (Pl. 46, fig. 105.)

Pour un point M situé entre M_0 et M_1

$$\mu=P(a-x)+P_1(a_1-x).$$

La *section dangereuse* est encore au point d'encastrement

$$x=0 \qquad \mu_0=Pa+P_1a_1.$$

Pour un point M' situé entre M_1 et N

$$\mu = P(a-x).$$

Nous prenons les moments fléchissants des forces extérieures à droite de M', la force P_1 a disparu.

On construit sans difficulté le contour polygonal, auquel s'arrêtent les verticales, qui représentent les moments fléchissants pour des sections quelconques. Pour la section α par exemple, on lit immédiatement la valeur $\beta\beta_1$ du moment fléchissant. (PL. 46, FIG. 106.)

EFFORT TRANCHANT. — En M entre M_0 et M_1

$$T = P + P_1 = -\frac{d\mu}{dx}.$$

En M' entre M_1 et N

$$T = P = -\frac{d\mu}{dx}.$$

FLÈCHE DE COURBURE. — Le point le plus bas de l'axe est évidemment à l'extrémité. Cherchons donc l'équation de l'axe entre M_1 et N.

$$EI\frac{d^2y}{dx^2} = P(a-x).$$

[1] $$EI\frac{dy}{dx} = P\left(ax - \frac{x^2}{2}\right) + C.$$

La constante reste inconnue ; la relation [1] n'est vraie que pour x compris entre $x = a_1$ et $x = a$, c'est-à-dire entre les points M_1 et N. On ne peut donc faire $x = 0$.

[2] $$EIy = P\left(\frac{ax^2}{2} - \frac{x^3}{6}\right) + Cx + C'.$$

C' est encore inconnu.

Prenons maintenant l'équation de l'axe entre M_0 et M_1 ; à cause de la continuité de la courbe, nous exprimons que la tangente et l'ordonnée en M_1 ont mêmes valeurs dans les quatre équations ; ainsi nous avons deux relations pour déterminer les constantes C et C'.

$$EI\frac{d^2y}{dx^2} = P(a-x) + P_1(a_1 - x).$$

[3] $$EI\frac{dy}{dx} = P\left(ax - \frac{x^2}{2}\right) + P_1\left(a_1x - \frac{x^2}{2}\right).$$

Pas de constante, pour $x = 0$ $\quad \frac{dy}{dx} = 0.$

[4] $$EIy = P\left(\frac{ax^2}{2} - \frac{x^3}{6}\right) + P_1\left(\frac{a_1x^2}{2} - \frac{x^3}{6}\right).$$

La constante est encore nulle dans [4].

Dans [1] et [3] pour $x = a_1$ les valeurs de $\frac{dy}{dx}$ sont égales. Égalons les seconds membres après avoir fait $x = a_1$. Il vient

[5] $$C = P\left(\frac{a_1^2}{2}\right).$$

Faisons de même pour [2] et [4]

$$P_1\frac{a_1^3}{2} + C' = P_1\left(\frac{a_1^3}{3}\right). \qquad C' = -\frac{P_1a_1^3}{6}.$$

L'équation [2] devient donc :

[6] $$EIy = P\left(\frac{ax^2}{2} - \frac{x^3}{6}\right) + \frac{P_1a_1^2}{2}x - \frac{P_1a_1^3}{6}.$$

et pour $x = a$

$$EIf = \frac{Pa^3}{3} + P_1a_1^2\left(\frac{a}{2} - \frac{a_1}{6}\right).$$

114. Pièce horizontale encastrée à une extrémité, chargée d'un poids P à son autre extrémité, d'un poids P_1 en un point de sa longueur, et d'un poids p par unité de longueur uniformément réparti.

Nous conservons les notations précédentes a, a_1 $\quad \frac{RI}{n} = \mu$.

MOMENT FLÉCHISSANT. — Pour un point M situé entre M_0 et M_1 (PL. 46, FIG. 105).

$$\mu = \frac{p}{2}\left(a - x\right)^2 + P(a - x) + P_1(a_1 - x).$$

La section dangereuse est toujours au point d'encastrement et pour $x = 0$

$$\mu \max = \mu_0 = \frac{p}{2}a^2 + Pa + P_1a_1.$$

Pour avoir (PL. 46, FIG. 107), par une construction graphique, les moments fléchissants en tous les points, nous plaçons le triangle M_0HN de la FIG. 106 en $M_0H'N'$ au-dessous de la parabole LN'. L'épure est à l'échelle moitié des précédentes. Il reste à ajouter le triangle $M_0H_1M_1$ correspondant au poids P_1. Nous le rabattons au-dessous de l'horizontale M_0M_1. Pour cela nous traçons la verticale de M'_1 (FIG. 107), jusqu'à sa rencontre en m avec la ligne $H'N'$, nous portons $H'H'_1 = M_0H_1$ à la suite de M_0H' et nous joignons mH_1'. Le contour couvert de hachures est le contour cherché. Si par un point α quelconque on mène une verticale, la portion de cette verticale $\gamma\gamma'\gamma''$ interceptée par le contour mixtiligne représente le moment fléchissant en α. Pour le poids uniformément réparti et pour le poids P, on a évidemment $\gamma\gamma'$. Pour le poids P_1 comparons les triangles $mH'H'_1$ et $M_0M_1H_1$ (FIG. 107 et 108). Ils ont même base et même hauteur. Donc, des parallèles à la base à une même distance de cette base interceptent dans chaque triangle des longueurs $\gamma'\gamma''$ et gg'' égales.

EFFORT TRANCHANT. — (Comme au troisième exemple.)

FLÈCHE DE COURBURE. — (Comme au troisième exemple.)

De ce qui précède, il résulte qu'en employant les tracés graphiques, on peut construire les moments fléchissants pour chaque force extérieure, et les ajouter ensuite. Le problème est ainsi beaucoup plus facile à résoudre.

Nous avons considéré une pièce MN, encastrée en M_0 et sollicitée dans la portion de droite M_0M par des forces extérieures verticales ; nous avons vu que l'encastrement développe une réaction R' en M_0 et un couple $Q-Q$ agissant à gauche de M_0 (PL. 44, FIG. 100). Le moment de ce couple par rapport à M_0 que nous désignons par Q, est évidemment égal au moment des forces extérieures de droite par rapport au même point, c'est-à-dire est égal à μ_0, ou à ce que nous avons appelé le moment fléchissant au point d'encastrement.

Quant à la réaction verticale R', elle est égale à la somme des projections des forces extérieures de droite sur l'axe y, c'est-à-dire est égale ΣP_y.

115. Pièce horizontale encastrée à ses deux extrémités et chargée d'un poids p par unité de longueur, uniformément réparti.

Soit a la longueur de la pièce AB entre les points d'encastrement.

$$\Sigma P_y = pa.$$

En chaque point d'encastrement, nous avons une réaction $\frac{pa}{2}$ et un couple ; soit Q le moment de ce couple par rapport au point d'encastrement. (PL. 47, FIG. 109.)

Prenons A, un des points d'encastrement, pour origine des coordonnées, l'horizontale et la verticale de A pour axe des x et axe des y. Considérons un point M sur l'axe de la pièce, à une distance x de l'origine.

En M

$$\mu = \frac{p}{2}(a-x)^2 - \frac{pa}{2}(a-x) + Q.$$

$$\mu = \frac{p}{2}(a-x)\;(a-x-a) + Q.$$

[1] $$\mu = -\frac{p}{2}x(a-x) + Q.$$

Dans la relation [1] Q est inconnu. Nous ne pouvons donc pas appliquer immédiatement l'équation d'équarrissage. Il faut d'abord déterminer Q.

Prenons l'équation d'équilibre § 23.

$$\frac{EI}{\rho} = EI\frac{d^2y}{dx^2} = -\frac{p}{2}x(a-x) + Q.$$

Intégrons, pour $x=0$ $\quad \frac{dy}{dx}=0$, pas de constante.

[2] $$EI\frac{dy}{dx} = -\frac{p}{2}\left(\frac{ax^2}{2} - \frac{x^3}{3}\right) + Qx.$$

Pour $x=a$ $\quad \frac{dy}{dx}=0$. Faisons $x=a$ dans [2], il résulte $Q=\frac{pa^2}{12}$.

Et par suite :

$$\mu = -\frac{p}{2}x(a-x) + \frac{pa^2}{12}.$$

Le premier terme du deuxième membre est de signe contraire au second terme. On aura le maximum de μ, quand le premier terme, $-\frac{p}{2}x(a-x)$ sera nul, c'est-à-dire pour $x=0$ et $x=a$.

$$\mu \max = \mu_0 = \mu_a = \frac{pa^2}{12}.$$

La section dangereuse est aux points d'encastrement.

La courbe, qui limite les moments fléchissants est une parabole à axe vertical, dont le sommet correspond à $x=\frac{a}{2}$. (Pl. 47, fig. 110).

$$x=\frac{a}{2} \qquad \mu=-\frac{pa^2}{24}.$$

La parabole coupe l'axe des x aux points, où $\mu=0$.

$$\frac{p}{2}x(a-x)+\frac{pa^2}{12}=0. \qquad x=\frac{a}{2}\left(1\pm\frac{1}{\sqrt{3}}\right).$$

$$x'=0,7887\,a. \qquad x''=0,2113\,a.$$

Aux points x' et x'' de l'axe de la pièce, il y a changement de courbure, donc inflexion.

EFFORT TRANCHANT. — Au point M

$$T=\Sigma P_y = p(a-x)-\frac{pa}{2}$$

$$\text{ou} \quad T=p\left(\frac{a}{2}-x\right)=-\frac{d\mu}{dx}.$$

Les efforts tranchants sont limités par une droite inclinée, qui coupe l'axe des x au point $x=\frac{a}{2}$.

FLÈCHE DE COURBURE. — Revenons à la relation (2).

$$(2) \qquad EI\frac{dy}{dx}=-\frac{p}{2}\left(\frac{ax^2}{2}-\frac{x^3}{3}\right)+Qx.$$

Remplaçons Q par sa valeur, $Q=\frac{pa^2}{12}$ et intégrons :

Pour $x=0$ $\qquad y=0$, donc pas de constante.

$$(3) \qquad EIy=-\frac{p}{2}\left(\frac{ax^3}{6}-\frac{x^4}{12}\right)+\frac{pa^2x^2}{24}.$$

$$EIy=\frac{p}{24}\left\{x^2(a-x)^2\right\}$$

Le maximum de y a lieu pour $x=a-x$, c'est-à-dire pour $x=\frac{a}{2}$.

$$EIf=\frac{p}{24}\times\frac{a^4}{16}=\frac{1}{2}\times\frac{pa^4}{192}.$$

116. Pièce horizontale encastrée à ses deux extrémités et chargée d'un poids P au milieu de sa longueur.

Les réactions des points d'appui sont égales entre elles et égales à $\frac{P}{2}$. (PL. 47, FIG. 111).

En outre nous avons en chacun des points d'encastrement un couple; désignons par Q le moment de chacun de ses couples par rapport au point d'encastrement.

Prenons le milieu M_1 de la pièce pour origine des coordonnées. La tangente en M_1 est horizontale après la flexion, à cause de la symétrie.

Pour un point M entre l'origine M_1 et N

(1) $$\mu = -\frac{P}{2}\left(\frac{a}{2} - x\right) + Q.$$

Cherchons Q, au moyen de l'équation d'équilibre.

(2) $$EI\frac{d^2y}{dx^2} = -\frac{P}{2}\left(\frac{a}{2} - x\right) + Q.$$

Intégrons, pour $x=0$ $\frac{dy}{dx}=0$, à cause de la symétrie. Donc pas de constante.

(3) $$EI\frac{dy}{dx} = -\frac{P}{2}\left(\frac{ax}{2} - \frac{x^2}{2}\right) + Qx.$$

Pour $x = \frac{a}{2}$ $\frac{dy}{dx} = 0$. D'où $Q = \frac{Pa}{8}$.

Par suite $\mu = \frac{Px}{2} - \frac{Pa}{8}$.

Le maximum de μ a lieu pour x maximum, c'est-à-dire pour $x = \frac{a}{2}$, ou pour $x=0$.

Pour $x = \frac{a}{2}$ $\mu = \frac{Pa}{8}$, et pour $x=0$ $\mu = -\frac{Pa}{8}$.

Les moments fléchissants sont limités par deux droites également inclinées sur l'horizontale. (PL. 47, FIG. 112.)

Pour $x = \frac{a}{4}$ $\mu = 0$. Aux points situés à $\frac{1}{4}$ ou à $\frac{3}{4}$ de la longueur de la pièce il y a changement de courbure de l'axe de la pièce, donc inflexion.

EFFORT TRANCHANT. — En M on a $T = -\frac{P}{2} = -\frac{d\mu}{dx}$. Les efforts tranchants sont constants et limités à une droite parallèle à l'axe des x.

FLÈCHE DE COURBURE. — Nous avons

(3) $$EI\frac{dy}{dx} = -\frac{P}{2}\left(\frac{ax}{2} - \frac{x^2}{2}\right) + Qx.$$

Remplaçons Q par sa valeur $\frac{Pa}{8}$ et intégrons. Pour $x=0$ $y=0$. Donc pas de constante.

$$EIy = -\frac{P}{2}\left(\frac{ax^2}{4} - \frac{x^3}{6}\right) + \frac{Pax^2}{16}.$$

Le maximum a lieu pour $x = \frac{a}{2}$. $\qquad EIf = \frac{Pa^3}{192}$.

Pour $x = \frac{a}{4}$, aux points d'inflexion. $\qquad EIf' = \frac{1}{2}\frac{Pa^3}{192}$.

117. Pièce horizontale encastrée à ses deux extrémités, chargée d'un poids p par unité de longueur uniformément réparti et d'un poids P en son milieu.

Les réactions au point d'encastrement sont $\frac{P + pa}{2}$.

Prenons l'origine des coordonnées au milieu de la pièce.

[1] $$\mu = \frac{p}{2}\left(\frac{a}{2} - x\right)^2 - \frac{P + pa}{2}\left(\frac{a}{2} - x\right) + Q.$$

[2] $$EI\frac{d^2y}{dx^2} = \frac{p}{2}\left(\frac{a}{2} - x\right)^2 - \frac{P + pa}{2}\left(\frac{a}{2} - x\right) + Q.$$

[3] $$EI\frac{dy}{dx} = \frac{p}{2}\left(\frac{a^2x}{4} + \frac{x^3}{3} - \frac{ax^2}{2}\right) - \frac{P + pa}{2}\left(\frac{ax}{2} - \frac{x^2}{2}\right) + Qx.$$

Pas de constante ; pour $x = 0$ $\quad \frac{dy}{dx} = 0$.

Pour $x = \frac{a}{2}$ $\quad \frac{dy}{dx} = 0$. $\qquad$ D'où Q.

$$Q = \frac{Pa}{8} + \frac{pa^2}{12}.$$

Nous voyons que Q est la somme des valeurs de Q trouvées §§ 115 et 116.

On obtient le moment fléchissant en ajoutant les deux tracés graphiques des §§ 115 et 116 (Pl. 48, fig. 114).

En intégrant la relation [3], on a la flèche de courbure.

118. Pièce horizontale, encastrée à une extrémité, posée à l'autre sur un point d'appui, chargée d'un poids p par unité de longueur, uniformément réparti.

Soient A le point d'encastrement, B le point d'appui, a la longueur de la pièce : soient A la réaction en A, B en B, et Q le moment du couple d'encastrement en A (Pl. 48, fig. 115).

En M $\qquad \mu = \frac{p}{2}(a - x)^2 - B(a - x)$.

Cherchons la valeur de la réaction B au moyen de l'équation d'équarrissage.

Posons $EI = \varepsilon$ par abréviation.

$$\varepsilon\frac{d^2y}{dx^2} = \frac{p}{2}(a - x)^2 - B(a - x).$$

$$\varepsilon\frac{dy}{dx} = \frac{p}{2}\left(a^2x + \frac{x^3}{3} - ax^2\right) - B\left(ax - \frac{x^2}{2}\right).$$

$$\varepsilon y = \frac{p}{2}\left(\frac{a^2x^2}{2} + \frac{x^4}{12} - \frac{ax^3}{3}\right) - B\left(\frac{ax^2}{2} - \frac{x^3}{6}\right).$$

Pour $x=a$ $y=0$. $B=\frac{3pa}{8}$.

$$A+B=pa. \qquad \text{D'où } A=\frac{5pa}{8}.$$

$$\mu=\frac{p}{2}(a-x)^2-\frac{3pa}{8}(a-x).$$

$$\mu=\frac{p}{2}(a-x)\left\{(a-x)-\frac{3a}{4}\right\}=\frac{p}{2}(a-x)\left(\frac{a}{4}-x\right).$$

La courbe des moments fléchissants est une parabole. (PL. 48, FIG. 116).

Posons $\frac{d\mu}{dx}=0$ pour avoir le maximum de μ.

$$-\frac{p}{2}(a-x)-\frac{p}{2}\left(\frac{a}{4}-x\right)=0.$$

$$a-x+\frac{a}{4}-x=0. \qquad x=\frac{5}{8}a.$$

Pour $x=\frac{5}{8}a$ $\mu=\frac{9pa^2}{128}$.

Pour $x=0$ $\mu \max=\frac{pa^2}{8}=\frac{16pa^2}{128}$

$\mu=0$ pour $x=a$ et $x=\frac{a}{4}$.

FLÈCHE DE COURBURE. — On cherchera l'ordonnée du point où la tangente est horizontale.

119. Pièce horizontale, encastrée à une extrémité, posée à l'autre sur un point d'appui et chargée d'un poids P en son milieu.

Pour un point M entre A et M_1. (PL. 49, FIG. 117).

$$[1] \qquad \mu=P\left(\frac{a}{2}-x\right)-B(a-x)=\varepsilon\frac{d^2y}{dx^2}.$$

$$[2] \qquad \varepsilon\frac{dy}{dx}=P\left(\frac{ax}{2}-\frac{x^2}{2}\right)-B\left(ax-\frac{x^2}{2}\right).$$

$$[3] \qquad \varepsilon y=P\left(\frac{ax^2}{4}-\frac{x^3}{6}\right)-B\left(\frac{ax^2}{2}-\frac{x^3}{6}\right).$$

Pour M' entre M_1 et B.

$$[4] \qquad \mu=-B(a-x)=\varepsilon\frac{d^2y}{dx^2}.$$

$$[5] \qquad \varepsilon\frac{dy}{dx}=-B\left(ax-\frac{x^2}{2}\right)+C.$$

Pour $x=\frac{a}{2}$ $\varepsilon\frac{dy}{dx}$ est le même dans [2] et [5].

$$P\left(\frac{a^2}{4}-\frac{a^2}{8}\right)=C \qquad C=\frac{Pa^2}{8}.$$

$$[6] \qquad \varepsilon\frac{dy}{dx}=-B\left(ax-\frac{x^2}{2}\right)+\frac{Pa^2}{8}.$$

[7] $$\varepsilon y = -B\left(\frac{ax^2}{2} - \frac{x^3}{6}\right) + \frac{Pa^2x}{8} + C'.$$

Pour $x = \frac{a}{2}$ y est le même dans [2] et [4]. $C' = -\frac{Pa^3}{48}.$

[8] $$\varepsilon y = -B\left(\frac{ax^2}{2} - \frac{x^3}{6}\right) + \frac{Pa^2x}{8} - \frac{Pa^3}{48}.$$

Pour $x = a$ $y = 0$. D'où $B = \frac{5P}{16}.$

Portons dans [1], il vient pour μ :

$$\mu = \frac{P}{16}(3a - 11x).$$

Les moments fléchissants sont limités par deux droites inclinées sur l'axe des x. (Pl. 49, fig. 118).

Pour $x = 0$ $\mu \max = \frac{3Pa}{16} = \frac{24}{128}Pa.$

Pour $x = \frac{a}{2}$ $\mu = -\frac{5Pa}{32} = -\frac{20}{128}Pa.$

Dans l'autre valeur [4] de μ :

$$\mu = -B(a - x) = -\frac{5P}{16}(a - x).$$

Pour $x = \frac{a}{2}$ $\mu = -\frac{5Pa}{32}$, ce qui devait être.

Pour $x = a$ et pour $x = \frac{3}{11}a$ $\mu = 0.$

120. Pièce horizontale encastrée à une extrémité posée à l'autre sur un point d'appui, chargée d'un poids p par unité de longueur uniformément réparti, et d'un poids P en son milieu.

Réunir les deux tracés graphiques des §§ 118 et 119 (Pl. 49, fig. 119).

121. Pièce verticale encastrée à son pied, sollicitée par un poids P agissant à une certaine distance de l'axe de la pièce. (Pl. 47, fig. 113).

Pour M $\mu = \varepsilon\frac{d^2y}{dx^2} = P(l + f - y).$

$f - y$ est négligeable par rapport à l.

$\mu = \varepsilon\frac{d^2y}{dx^2} = Pl$ courbure constante, cercle.

$$\varepsilon\frac{dy}{dx} = Plx \qquad \varepsilon y = Pl\frac{x^2}{2}.$$

A l'extrémité

$$\varepsilon f = \frac{PlX^2}{2}.$$

Pour l'équation d'équarrissage

$$R = \frac{\mu n}{I} + \frac{\Sigma P_x}{\Omega}. \qquad R = \frac{P}{\Omega} + \frac{nPl}{I}.$$

122. Poutre continue posant sur plusieurs points d'appui de niveau et chargée de poids uniformément répartis. (PL. 50, FIG. 117.)

Soit une poutre continue posant sur les points d'appui $a_0, a_1, a_2, \ldots\ldots a_n, a_{n+1}$, chargée de poids uniformément répartis $p_1, p_2, \ldots\ldots p_n$ par unité de longueur dans les diverses travées. (PL. 50, FIG. 117.)

Soient $A_0, A_1 \ldots\ldots A_n, A_{n+1}$ les réactions produites aux points d'appui par les portions de droite de la poutre.

$B_0 B_1 \ldots\ldots B_n, B_{n+1}$ les réactions des portions de gauche de la poutre;

$l_1, l_2 \ldots\ldots l_n, l_{n+1}$ les longueurs des travées;

$\alpha_0, \alpha'_0, \alpha_1, \alpha'_1, \alpha_n, \alpha'_n$ les tangentes des angles avec l'horizontale de l'axe de la pièce après la flexion; $\alpha_0 = \alpha'_0, \alpha_1 = \alpha'_1, \ldots\ldots$ puisque la poutre est continue.

$Q_0, Q_1, Q_2 \ldots\ldots Q_n, Q_{n+1}$ les moments fléchissants aux points d'appui.

Considérons une travée quelconque, la $n^{\text{ième}}$ par exemple, de a_{n-1} à a_n; soit un point M à une distance x de l'origine a_{n-1}. Prenons les moments des forces extérieures à gauche de M, c'est-à-dire situées entre M et a_{n-1}; nous avons :

$$\mu = \frac{p_n x^2}{2} - A_{n-1} x + Q_{n-1}. \qquad [1]$$

Cette relation est vraie pour x compris entre 0 et l_n. Faisons $x = l_n$ $\qquad \mu = Q_n$.

$$Q_n = \frac{p_n l_n^2}{2} - A_{n-1} l_n + Q_{n-1}.$$

D'où

$$A_{n-1} = \frac{Q_{n-1} - Q_n}{l_n} + \frac{p_n l_n}{2}. \qquad [3]$$

Remplaçons dans [1]

$$\mu = \frac{p_n x^2}{2} - \left(\frac{p_n l_n}{2} + \frac{Q_{n-1} - Q_n}{l_n}\right) x + Q_{n-1}. \qquad [3]$$

On a les dimensions de la poutre, comme nous l'avons vu par l'équation d'équarrissage $\frac{RI}{n} = \mu$ (§ 24); on a l'équation de l'axe de la pièce après la flexion, par l'équation d'équilibre $EI \frac{d^2y}{dx^2} = \mu$. (§ 23.)

Il faut donc trouver μ et pour cela avoir les moments fléchissants sur les points d'appui, comme le montre l'équation [3].

Nous allons chercher une relation entre les moments fléchissants sur trois points d'appui consécutifs. On y arrive par le théorème des trois moments ou de M. Clapeyron.

Lorsque nous aurons cette relation, nous ferons varier les indices et nous déduirons les valeurs des moments fléchissants sur tous les points d'appui.

Dans l'équation d'équilibre $EI \frac{d^2y}{dx^2} = \mu$ posons $EI = \varepsilon$ pour faciliter l'énoncé.

La relation [3] donne

$$\varepsilon \frac{d^2y}{dx^2} = f''(x, Q_{n-1}, Q_n). \qquad [4]$$

D'où

$$\varepsilon \frac{dy}{dx} = f'(x, Q_{n-1} Q_n \varepsilon \alpha'_{n-1}). \qquad [5]$$

Car pour $x = 0$ $\qquad \varepsilon \dfrac{dy}{dx} = \varepsilon \alpha'_{n-1}.$

Et enfin $\qquad \varepsilon y = f(x, Q_{n-1}, Q_n, \varepsilon \alpha'_{n-1}).$ [6]

Pas de constante; pour $x = 0 \qquad y = 0.$

Pour $x = l_n \qquad y = 0.$

$$f(l_n, Q_{n-1}, Q_n, \varepsilon \alpha'_{n-1}) = 0. \qquad [7]$$

D'où $\qquad \varepsilon \alpha'_{n-1} = \varphi(l_n Q_{n-1} Q_n).$ [8]

Portons cette valeur de $\varepsilon \alpha'_{n-1}$ dans [5], il résulte :

$$\varepsilon \frac{dy}{dx} = \psi(x, l_n Q_{n-1} Q_n). \qquad [9]$$

Pour $x = l_n \qquad \dfrac{dy}{dx} = \alpha_n.$

$$\varepsilon \alpha_n = \psi(l_n Q_{n-1} Q_n). \qquad [10]$$

Dans [8] faisons $n = n + 1$, il vient :

$$\varepsilon \alpha'_n = \varphi(l_{n+1}, Q_n, Q_{n+1}). \qquad [11]$$

La poutre étant continue $\alpha_n = \alpha'_n$.

D'où $\qquad F(l_n, l_{n+1}, Q_{n-1}, Q_n, Q_{n+1}) = 0.$ [12]

En faisant le calcul, on a :

$$l_{n+1}\left(\frac{p_{n+1} l_{n+1}^2}{4} - Q_{n+1} - 2Q_n\right) = l_n\left(-\frac{p_n l_n^2}{4} + 2Q_n + Q_{n-1}\right). \qquad [13]$$

Soient $n + 1$ travées, il y a $n + 2$ appuis, donc $n + 2$ moments fléchissants sur les appuis; les deux extrêmes sont nuls Q_0 et Q_{n+1}. De la relation 13 on déduit les autres $Q_1 \ldots Q_n$

D'autre part nous avons :

$$A_{n-1} = \frac{Q_{n-1} - Q_n}{l_n} + \frac{p_n l_n}{2}. \qquad [2]$$

Nous connaissons les moments fléchissants aux points d'appui; nous déduisons de la relation [2] les réactions $A_0, A_1, A_2, A_{n-1}, A_n$.

Soient $n + 1$ travées. Aux extrémités $B_0 = 0 \qquad A_{n+1} = 0 \qquad Q_0 = Q_{n+1} = 0.$

Nous savons que :

$$A_0 + B_1 = p_1 l_1.$$
$$A_1 + B_2 = p^2 l^2.$$
$$\vdots$$
$$A_n + B_{n+1} = p_{n+1} l_{n+1}.$$

Les réactions $B_1, B_2 \qquad B_{n+1}$ nous sont donc connues.

Les réactions totales des appuis s'en déduisent :

Au 1er point. $a_0 = A_0$.
2e — $a_1 = A_1 + B_1$.
3e — $a_2 = A_2 + B_2$. etc.

APPLICATIONS

123. Poutre continue reposant sur 3 points d'appui de niveau, également distants, et chargée d'un poids p par unité de longueur, uniformément réparti sur toute l'étendue de la pièce. (Pl. 50, fig. 118.)

a_0, a_1, a_2, réactions totales des appuis.

Q_0, Q_1, Q_2, moments fléchissants aux appuis.

l, longueur d'une travée (toutes les travées sont égales).

L, longueur de la pièce.

p, poids par unité de longueur uniformément réparti.

Les formules [14] et [15], § 122, donnent

$$l=\frac{L}{2} \qquad \frac{3}{16}pL=a_0=a_2=\frac{3}{8}pl \qquad Q_0=Q_2=0.$$

$$\frac{10}{16}pL=a_1=\frac{10}{8}pl \qquad Q_1=\frac{pl^2}{8}=\frac{pL^2}{32}.$$

124. Poutre dans les mêmes conditions reposant sur 4 points d'appui. (Pl. 50, fig. 119.)

$$l=\frac{L}{3} \qquad \frac{4}{30}pL=a_0=a_3=\frac{4}{10}pl \qquad Q_0=Q_3=0.$$

$$\frac{11}{30}pL=a_1=a_2=\frac{11}{10}pl \qquad Q_1=Q_2=\frac{pl^2}{10}=\frac{pL^2}{90}.$$

125. Poutre dans les mêmes conditions reposant sur 5 points d'appui. (Pl. 50, fig. 120.)

$$l=\frac{L}{4} \qquad \frac{11}{112}pL=a_0=a_4=\frac{11}{28}pl \qquad Q_0=Q_4=0.$$

$$\frac{32}{112}pL=a_1=a_3=\frac{32}{28}pl \qquad Q_1=Q_3=\frac{3pl^2}{28}=\frac{3pL^2}{448}.$$

$$\frac{26}{112}pL=a_2=\frac{26}{28}pl \qquad Q_2=\frac{2pl^2}{28}=\frac{2pL^2}{448}.$$

126. Poutre dans les mêmes conditions reposant sur 6 points d'appui. (Pl. 50, fig. 121.)

$$l=\frac{L}{5} \qquad \frac{15}{190}pL=a_0=a_5=\frac{15}{38}pl \qquad Q_0=Q_5=0.$$

$$\frac{43}{190}pL=a_1=a_4=\frac{43}{38}pl \qquad Q_1=Q_4=\frac{4pl^2}{38}=\frac{4pL^2}{950}.$$

$$\frac{37}{190}pL=a_2=a_3=\frac{37}{38}pl \qquad Q_2=Q_3=\frac{3pl^2}{38}=\frac{3pL^2}{950}.$$

127. Poutre dans les mêmes conditions reposant sur 7 points d'appui. (Pl. 50, fig. 122).

$$l=\frac{L}{6} \qquad \frac{41}{624}pL=a_0=a_6=\frac{41}{104}pl \qquad Q_0=Q_6=0.$$

$$\frac{118}{624}pL=a_1=a_5=\frac{118}{104}pl \qquad Q_1=Q_5=\frac{11\,pl^2}{104}=\frac{11\,pL^2}{3744}.$$

$$\frac{100}{624}pL=a_2=a_4=\frac{100}{104}pl \qquad Q_2=Q_4=\frac{8\,pl^2}{104}=\frac{8\,pL^2}{3744}.$$

$$\frac{106}{624}pL=\qquad a_3=\frac{106}{104}pl \qquad Q_3=\frac{9\,pl^2}{104}=\frac{9\,pL^2}{3744}.$$

SOLIDES D'ÉGALE RÉSISTANCE

128. — On donne le nom de solides d'égale résistance aux pièces dont on fait varier la section suivant l'effort de flexion qu'elles ont à supporter.

129. — Soit une pièce AB de longueur a, encastrée en A, soumise à l'extrémité B à l'action d'un poids P. Prenons le point A pour origine des coordonnées, l'axe horizontal de la pièce AX pour axe des X et une perpendiculaire AY dans le plan de symétrie pour axe des Y. Pour un point M, situé à une distance x de l'origine, l'équation d'équarrissage est : $\frac{RI}{n}=P\,(a-x)=\mu$.

Soit la section rectangulaire $\frac{I}{n}=\frac{lh^2}{6}$, h dimension dans le plan de symétrie.

$\frac{Rlh^2}{6}=P\,(a-x)$. Soit l constant ; désignons h par y. (Pl. 41, fig. 89.)

$\frac{Rly^2}{6}=P\,(a-x)$. Équation d'une parabole à axe horizontal. En B l'ordonnée est nulle. En ce point cependant il y a un effort tranchant. $\Sigma P_y=P$. Il faut que la section soit capable de résister à cet effort de cisaillement. Soit R la charge permanente de flexion, la charge permanente de cisaillement est $\frac{4}{5}R$, § 20. Donc $\frac{4}{5}Rly=P$. D'où y. On porte cette valeur en B, et de son extrémité on mène une tangente à la parabole. On a le profil définitif du solide d'égale résistance. (Pl. 41, fig. 90.)

TABLE DES MATIÈRES

Fontainebleau. — M. E. Bourges imp. breveté.

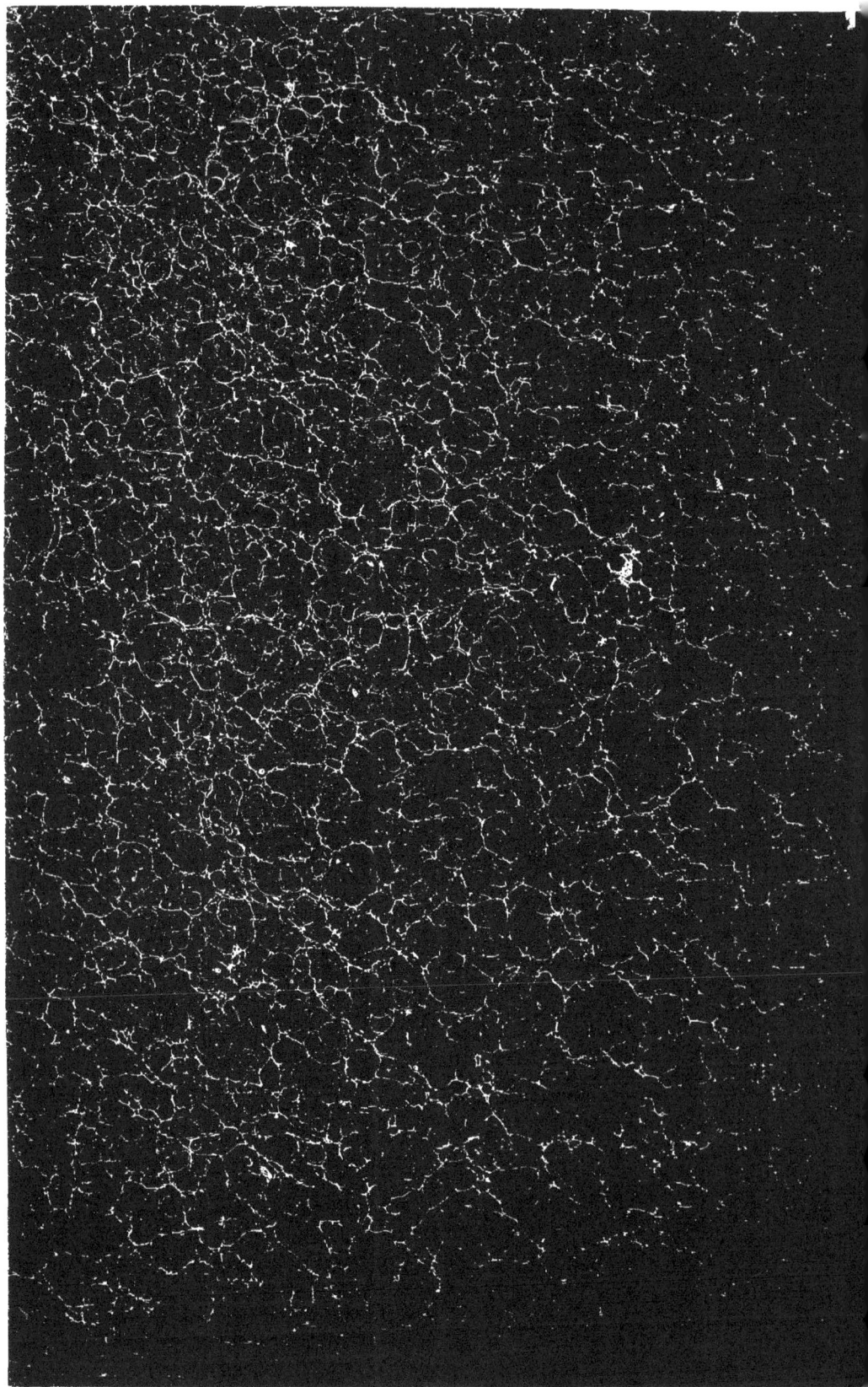